彩叶植物与景观

COLOR-LEAFED PLANTS AND LANDSCAPE

王铖　朱红霞　著

U0199181

中国林业出版社

图书在版编目（CIP）数据

彩叶植物与景观 / 王铖, 朱红霞著. -- 北京：中国林业出版社, 2014.11
（植物与景观丛书）
ISBN 978-7-5038-7655-4

Ⅰ. ①彩… Ⅱ. ①王… ②朱… Ⅲ. ①观叶树木－观赏园艺②园林植物－景
观设计 Ⅳ. ①S687②TU986.2

中国版本图书馆CIP数据核字(2014)第218921号

策划编辑　何增明　　陈英君
责任编辑　陈英君　　苏亚辉

出版发行　**中国林业出版社**
　　　　　　（北京市西城区德内大街刘海胡同7号　100009）
电　　话　(010) 83227584
制　　版　北京美光设计制版有限公司
印　　刷　北京卡乐富印刷有限公司
版　　次　2015年1月第1版
印　　次　2015年1月第1次
开　　本　889mm×1194mm　1 / 20
印　　张　13.5
字　　数　480千字
定　　价　88.00元

前言 *Preface*

彩叶植物是指叶色鲜艳、明显区别于自然绿色或灰褐色的观赏植物，在园林绿化和特色景观的营造中具有独特的魅力。

20世纪90年代初，随着我国城市绿化建设的快速发展，彩叶植物的引种与应用研究开始兴起。经过20多年的发展，彩叶植物的种类逐渐丰富，应用范围越来越广，苗木的工程用量也日益增加，但是，在彩叶植物的设计应用中还存在许多普遍问题。由于多数园林景观设计师对彩叶植物新品种不熟悉，使得许多优良的种类一直得不到推广应用，许多种类由于栽培养护技术的欠缺，彩叶性状始终表现不出来，甚至还有以原种冒充新品种的情况。有感于此，编者根据十多年从事彩叶植物引种推广研究和设计应用教学的经验编著了这本彩叶植物在景观中的应用与品种介绍的书，希望对彩叶植物应用的健康发展提供一些帮助。

本书分别从彩叶植物的概念、彩叶植物景观营造、彩叶植物景观的维护和彩叶植物品种介绍与在景观中的应用几个方面进行了论述，全书共分为八章，第一、四、五、六章由王铖编著，第二、三、七、八章由朱红霞编著。本书中彩叶植物的学名遵从国际栽培植物命名法规，裸子植物的编排遵从郑万钧系统，被子植物的编排遵从美国学者克朗奎斯特（A. Cronquist）的分类系统，每章中植物的排序原则上都以此为准。

本书的编著得到了上海市园林科学研究所和上海城市管理职业技术学院的支持，书中的相关彩叶植物引种栽培和推广应用研究的数据均来自上海市园林科学研究所历年来的课题研究成果，书中相关设计应用的案例均来自上海城市管理职业技术学院的设计应用教学成果。上海市园林科学研究所钱又宇老师对上海彩叶植物的引种和推广倾注大量心血，首次将我们领入彩叶植物引种与推广应用的大门，书中的诸多观点均受到他的启发，陈培昶高级工程师提供了病虫害防治与栽培养护的资料，李永胜、徐闪峰、杨忠宝在应用照片的拍摄中给予了帮助，周汉其老师提供了部分美国彩叶植物应用的照片，在此一并致以衷心的感谢。

由于编者水平有限，对彩叶植物品种的了解和景观应用的理解还比较肤浅，书中的缺点错误在所难免，请读者不吝指正。

编者

2014年8月

目录 *Contents*

第一章　彩叶植物概述
一、彩叶植物的定义 ………………………… 2
二、彩叶植物的分类 ………………………… 4
三、彩叶植物的应用前景 …………………… 4
四、彩叶植物应用的问题 …………………… 7

第二章　彩叶植物景观的营造
一、彩叶植物景观概述 …………………… 10
二、彩叶植物景观营造 …………………… 12

第三章　彩叶植物景观的维护
一、土壤改良 ……………………………… 34
二、地表覆盖 ……………………………… 34
三、水肥管理 ……………………………… 35
四、整形修剪 ……………………………… 35
五、病虫防治 ……………………………… 36

第四章　春色叶类乔灌木
‘金边’鹅掌楸 …………………………… 38
‘金叶’榕 ………………………………… 39
‘彩叶’杞柳 ……………………………… 40
‘紫叶’桃 ………………………………… 41
‘紫叶’风箱果 …………………………… 42
‘红罗宾’石楠 …………………………… 44
山麻杆 …………………………………… 46

‘红叶’椿 ………………………………… 47
‘金叶’梓树 ……………………………… 48
‘金边’接骨木 …………………………… 50
‘金森’女贞 ……………………………… 52

第五章　常色叶类乔灌木
白杆 ……………………………………… 54
‘金线’柏 ………………………………… 55
‘蓝冰’柏 ………………………………… 56
红花檵木 ………………………………… 57
‘紫叶’小檗 ……………………………… 58
‘金叶’榆 ………………………………… 60
‘花叶’榔榆 ……………………………… 61
‘紫叶’水青冈 …………………………… 62
‘花叶’叶子花 …………………………… 63
狗枣猕猴桃 ……………………………… 64
‘花叶’海桐 ……………………………… 65
‘花叶’八仙花 …………………………… 66
‘美人’梅 ………………………………… 67
紫叶矮樱 ………………………………… 68
‘紫叶’李 ………………………………… 69
‘紫叶’稠李 ……………………………… 70
美国海棠 ………………………………… 71
‘金焰’绣线菊 …………………………… 72
‘小丑’火棘 ……………………………… 74

'金叶'皂荚 …………………………… 75

'红叶'加拿大紫荆 ………………… 76

'金叶'槐 ……………………………… 78

'金叶'刺槐 ………………………… 79

'金边'胡颓子 ……………………… 80

'金边'埃比胡颓子 ………………… 81

'金边'瑞香 ………………………… 82

千层金 ……………………………… 83

'花叶'香桃木 ……………………… 84

'洒金'桃叶珊瑚 …………………… 85

'金叶'红瑞木 ……………………… 86

'金叶'大叶黄杨 …………………… 88

'金边'扶芳藤 ……………………… 90

'金边'枸骨 ………………………… 91

'金边'阿尔塔拉冬青 ……………… 92

红背桂 ……………………………… 94

变叶木 ……………………………… 96

红枫 ………………………………… 98

'金叶'复叶槭 ……………………… 102

'国王'枫 …………………………… 104

'紫叶'黄栌 ………………………… 106

'银边'常春藤 ……………………… 108

'花叶'鹅掌藤 ……………………… 109

'花叶'络石 ………………………… 110

'黄金锦'络石 ……………………… 111

'花叶'夹竹桃 ……………………… 112

'花叶'蔓长春花 …………………… 113

'金叶'莸 …………………………… 114

'花叶'假连翘 ……………………… 116

灌丛石蚕 …………………………… 117

金叶女贞 …………………………… 118

'银姬'小蜡 ………………………… 119

'花叶'女贞 ………………………… 120

'金叶'卵叶女贞 …………………… 121

'银霜'女贞 ………………………… 122

'银边'刺桂 ………………………… 123

'金叶'素方花 ……………………… 124

'金叶'连翘 ………………………… 126

金脉爵床 …………………………… 128

'花叶'栀子花 ……………………… 129

'金叶'大花六道木 ………………… 130

'紫叶'接骨木 ……………………… 131

'黄脉'忍冬 ………………………… 132

'金叶'毛核木 ……………………… 133

'花叶'锦带花 ……………………… 134

菲白竹 ……………………………… 136

菲黄竹 ……………………………… 137

'三色'千年木 ……………………… 138

'亮叶'朱蕉 ………………………… 139

'红星'澳洲朱蕉 …………………… 140

'金心'丝兰 ………………………… 141

'金边'毛里求斯麻 ………………… 142

第六章　秋色叶类乔灌木

落羽杉 ……………………………… 144

连香树 ……………………………… 145

银杏 ………………………………… 146

南天竹 ……………………………… 148

波斯铁木 …………………………… 150

北美枫香 …………………………… 151

枫香 ………………………………… 152

杂种金缕梅 ………………………… 154

光叶榉 ……………………………… 156

纳塔栎 ……………………………… 157

柿树 ………………………………… 158

杜梨 ………………………………… 159

丝绵木 ……………………………… 160

肉花卫矛 …………………………… 161

卫矛 ………………………………… 162

乌桕 ………………………………… 164

爬山虎 ……………………………… 165

五叶地锦 …………………………… 166

无患子 ……………………………… 167

黄连木 ……………………………… 168

'夕阳'杂种槭 ……………………… 169

'夕阳红'红花槭 …………………… 170

'秋焰'槭 …………………………… 172

元宝枫 ……………………………… 173

鸡爪槭 ……………………………… 174

秀丽械 ………………………… 176

三角枫 ………………………… 177

茶条械 ………………………… 178

血皮械 ………………………… 179

黄栌 …………………………… 180

火炬树 ………………………… 182

野漆树 ………………………… 183

白蜡 …………………………… 184

美国白蜡 ……………………… 186

第七章　一二年生彩叶草本植物

红苋草红草 …………………… 188

雁来红 ………………………… 190

羽衣甘蓝 ……………………… 191

四季秋海棠 …………………… 192

彩叶草 ………………………… 194

'金叶'番薯 …………………… 196

银叶菊 ………………………… 197

紫御谷 ………………………… 198

第八章　多年生彩叶草本植物

'变色龙'鱼腥草 ……………… 200

冷水花 ………………………… 201

'红龙'草 ……………………… 202

赤胫散 ………………………… 203

'金叶'佛甲草 ………………… 204

'金叶'景天 …………………… 205

'胭脂红'景天 ………………… 206

'紫叶'小花矾根 ……………… 207

虎耳草 ………………………… 208

'紫叶'山桃草 ………………… 209

'紫叶'酢浆草 ………………… 210

'紫叶'鸭儿芹 ………………… 211

'金叶'牛至 …………………… 212

绵毛水苏 ……………………… 213

'花叶'薄荷 …………………… 214

'花叶'欧亚活血丹 …………… 215

葡匐筋骨草 …………………… 216

'紫叶'车前草 ………………… 217

银香菊 ………………………… 218

朝雾草 ………………………… 219

'黄斑'大吴风草 ……………… 220

'金叶'金钱蒲 ………………… 221

紫叶鸭跖草 …………………… 222

吊竹梅 ………………………… 223

'金叶'苔草 …………………… 224

棕红苔草 ……………………… 225

血草 …………………………… 226

'紫叶'狼尾草 ………………… 227

'花叶'燕麦草 ………………… 228

'埃丽'蓝羊茅 ………………… 229

'花叶'芒 ……………………… 230

花叶玉带草 …………………… 232

花叶芦竹 ……………………… 233

'银叶'蒲苇 …………………… 234

'花叶'芦苇 …………………… 235

'金脉'美人蕉 ………………… 236

'三色'竹芋 …………………… 238

'花叶'艳山姜 ………………… 240

'黑龙'沿阶草 ………………… 241

'金边'阔叶麦冬 ……………… 242

'银纹'沿阶草 ………………… 245

花叶玉簪 ……………………… 246

参考文献 ……………………… 249

中文名称索引 ………………… 251

拉丁学名索引 ………………… 254

第一章

彩叶植物概述

一、彩叶植物的定义

近年来，随着各地红叶节的持续举办，彩叶植物已成为社会各界广泛关注的话题，不仅园林绿化行业的专业人员关心，普通的社会公众也时常议论。但是，不同的人对彩叶植物的理解不相同，对彩叶植物的划分标准也不一致，譬如有人认为彩叶植物是指周年呈现稳定彩叶的植物，仅在秋天变色的落叶树种不能叫彩叶植物，若依照这一定义，许多著名的种类，如银杏、枫香、红花檵等都不能算作彩叶植物；还有人认为有些香樟新叶的颜色也非常鲜艳，也应该算作彩叶树种；甚至有人认为"茎干呈现非绿色的植物"也是彩叶植物（高正清，2010）。因此，有必要对彩叶植物的定义进行梳理，既方便大家的理解，同时也便于本书的讨论。

"彩叶植物"一词在我国出现的准确时间无法进行考证，但这一词的广泛使用是从20世纪90年代开始。于晓南关于"彩叶植物"的定义应该是较早的，她的定义是"彩叶植物（Color-Leafed Plants）是指在生长期内，叶色与自然绿色有明显区别的植物类群，基本特征是具备一致的变色期、较长的观赏期和整齐的落叶期"。这一定义首次提出了彩叶植物的范围、判断的标准和基本特征，对彩叶植物的认识具有重要的指导作用，以后学者基本都遵从了这一定义。但是，随着对彩叶植物的研究逐渐深入，越来越发现这一定义不够完整，若按照"叶色与自然绿色有明显区别"的标准，凡是落叶树种都可以称为彩叶植物，但是，多数植物的秋叶为褐色或灰色，叶色并不鲜艳，如山胡椒、水杉、麻栎、朴树、榆树等，我们认为这类植物应该不能算作彩叶植物，即便是在上海被公认为彩叶树种的榉树，大多数年份也都是呈现为灰褐色，很难找到一株叶色鲜艳的大树。此外，大多数植物彩叶的呈现容易受到环境的影响，尤其是秋色叶植物，条件适合的年份变色效果良好，条件不适的年份则表现不佳，这就是为什么上海的银杏秋色每年都不一样的原因。因此，彩叶植物只有在能够为其提供适合变色条件的地域范围才能稳定地呈现出亮丽的色彩。鹅掌楸就是一个典型的例子，南方地区的鹅掌楸很难呈现出鲜艳的色彩，而在北方冷凉湿润地区则可以呈现出靓丽的颜色。此类例子还很多，杨树是最极端的例子，南方的杨树基本不可能呈现出鲜艳的彩叶效果，但是，在北方地区则能呈现出金黄色的效果。

综合过往的研究，充分考虑彩叶植物的特点，我们对彩叶植物作出了新的定义：彩叶植物是指在一定的区

狭叶山胡椒秋景

上海植物园的鹅掌楸

汉堡城市公园中的鹅掌楸

'红罗宾'石楠为春叶单色类

红枫为常叶单色类

密实卫矛为秋叶单色类

域范围内、正常的立地条件下，整个生长期或生长期的某一阶段能够稳定呈现出鲜艳叶色，明显区别于自然绿色或灰褐色的植物类群。

二、彩叶植物的分类

彩叶植物的类型非常丰富，很难用一种分类方法既囊括所有的种类，又将各类彩叶植物的特征清晰地表达出来。譬如有学者将彩叶植物分为秋色叶、春色叶、常色叶、双色叶、斑色叶五类，这一分类方法概括了彩叶植物的主要性状，但是分类标准不够统一，如秋色叶、春色叶、常色叶是以彩叶呈现的时间作为分类标准，而双色叶、斑色叶又是以彩叶呈现的形态特征作为分类的标准，实际应用中容易引起混淆，例如，著名的'金边'鹅掌楸和'洒金'桃叶珊瑚，彩叶特征都表现为不同色彩的斑块，若按色彩呈现的特征为标准分类则都可以归为斑色叶类，但是若按彩叶呈现的时期为标准，'金边'鹅掌楸应该划分到春色叶类，而'洒金'桃叶珊瑚则需要划分到常色叶类。后来又提出了许多不同的分类方法，但是都有一些缺陷，如分类系统繁琐，不能清晰地表达出彩叶植物的彩叶特征，实际应用中缺乏可操作性等。

长期以来，人们已根据植物的生物学特性将植物分为草本、灌木和乔木三类，相应地将彩叶植物分为彩叶草本、彩叶灌木和彩叶乔木三类，符合人们对植物的认知习惯，便于研究和生产应用中对彩叶植物分门别类。

乔、灌木是园林绿化中的骨架植物，其形态特征决定了绿化景观的整体外貌，而彩叶乔、灌木更是园林绿化景观中引人瞩目的焦点，其引种筛选和配置应用长期受到高度重视。彩叶乔、灌木包括了所有木本彩叶植物，既包括一般植物学意义上典型的乔木、灌木，也包括木质藤本和竹类。

彩叶草本植物分为一二年生植物和多年生植物（包括球根植物、宿根植物和观赏草类）两大类。一二年生彩叶植物的观赏期较短，常作为季节性花坛、立体花坛和花带的植物材料，有时也用于花境的点缀植物。为了便于应用，本书中将原产于热带地区，作一年生栽培的多年生植物也编排到一二年生植物中进行介绍。多年生植物观赏期较长，常作为花境的植物材料，也可以作为地被植物成片布置于草坪或林缘。

在彩叶植物的生产和应用中，很多时候还需要对彩叶植物按照观赏特性进行分类。彩叶植物的观赏期和叶片色彩特征是彩叶植物最重要的观赏特性，按彩叶观赏期的出现和持续时间可以分为春色叶类、秋色叶类和常色叶类三个大的类别：春色叶是指彩叶形成于春天萌发的新叶，秋色叶是指彩叶由秋季老叶转色形成，常色叶则是指彩叶的色彩在整个生长期内都有较高的观赏价值。根据彩叶的形态特征分为单色叶类和斑色叶类两类，单色叶类是指叶片上形成彩叶的颜色没有明显的轮廓界限，斑色叶则是指叶片上形成彩叶的色彩间有明显的轮廓界限，可以形成不同的图案。将彩叶植物的观赏期和彩叶的形态特征结合起来，将彩叶植物分为春叶单色类、春叶斑色类、秋叶单色类、秋叶斑色类、常叶单色类、常叶斑色类，譬如，春色叶中'红罗宾'石楠、山麻杆、'红叶'椿、'金叶'梓树、'紫叶'梓树、'金叶'接骨木等可以归为春叶单色类，'金边'鹅掌楸、'花叶'接骨木、'金森'女贞等可以归为春叶斑色类；秋色叶中黄栌、乌桕、枫香、北美枫香、'夕阳红'红花槭、杂种元宝槭等可归为秋叶单色类，秀丽槭、'秋之火'红花槭为秋叶斑色类；常色叶中红枫、美国红栌、'国王'枫、'紫叶'李、紫叶矮樱、'紫叶'稠李等为常叶单色类，'金边'大叶黄杨、'金边'阿尔塔拉冬青、'花叶'女贞、'花叶'胡颓子、'小丑'火棘、'花叶'香桃木等可以归为常叶斑色类。

三、彩叶植物的应用前景

尽管彩叶植物在我国的出现是最近二十年来的事情，但是，我国历史上鉴赏题咏红叶的文学作品却不胜枚举，最著名的当属唐朝诗人杜牧《山行》中的两句"停车坐爱枫林晚，霜叶红于二月花"。著名诗人白居易也留下了许多描写红叶的诗句，《和杜录事题》中有"寒山十月旦，霜叶一时新。似烧非因火，如花不待春"，《秋雨中赠元九》中有"不堪红叶青苔地，又是凉风暮雨天"，《酬皇甫郎中对新菊花见忆》中有"黄花助兴方携酒，红叶添愁正满阶"；刘禹锡的《秋词》中有"山明水净夜来霜，数树深红出浅黄"等等。近代以来，描写彩叶景观壮观场面的经典名句，当属毛泽东《沁园春·长沙》中的"万山红遍，层林尽染"，再也没有比这更大气磅礴的描述了。

我国历代文人墨客留下了大量题咏红叶的诗词名句，也成就了许多观赏红叶的著名景点。香山因杨朔的名篇《香山红叶》而家喻户晓，每年秋季慕名而往观赏红叶的游客不计其数，尽管近年来黄栌老化，红叶

'金边'鹅掌楸为春叶斑色类

'金边'胡颓子为常叶斑色类

'秋之火'红花槭为秋叶斑色类

北京香山彩叶景观

济南红叶谷彩叶景观

红花槭实生小苗

红花槭实生苗秋季表现

效果大不如前，但是，仍然不能消减人们一睹香山红叶的热情，双休日赏红叶的游客屡破20万人。相对于北方地区红叶的壮观场面，我国南方地区的红叶景点要逊色很多。南京栖霞山是江南地区秋季观赏红叶的著名景点，自清朝乾隆年间，便有了登山赏红叶的习俗，近年来，已连续举办多届"红枫节"，成为金秋时节南京人登山休闲的最佳去处。岳麓山爱晚亭，始建于乾隆年间，取名源自杜牧《山行》中的名句，为国内四大名亭之一，是长沙观赏红叶的著名景点，毛泽东的一句"万山红遍，层林尽染"更是使岳麓山的红叶蜚声海外，每当霜降时节，枫叶微红，男女老幼登岳麓山赏红叶已成长沙一景。苏州天平山，自唐宋时期，便是文人雅士喜欢游历之处，明清以来，便有秋游赏枫的习俗，是国内"四大赏枫胜地"之一，迄今已连续举办二十届"红枫节"。随着我国观光旅游业的快速发展，国内又开发出一批观赏红叶的新景点，几乎每个省市都有观赏红叶的去处，山东济南的红叶谷应该是观赏黄栌秋叶最壮观的地方。其他著名的景点还有四川巴中的光雾山、辽宁本溪的关门山、浙江临安的大明山，等等。

优良的彩叶植物品种是营建人工彩叶景观的关键。在欧美园艺水平发达的国家，彩叶植物品种的培育为彩叶景观的营造奠定了良好的基础，绿化建设中应用的彩叶植物都是经过人工选育的园艺品种，一般不用未经选育的实生苗木，因此，彩叶景观的观赏效果和景观质量都能得到保障。

为了满足绿化建设对绿化植物新品种的大量需求，各地纷纷开展了园林植物引种工作。上海的城市绿化发展过程是我国绿化建设的缩影，从2000年开始到2005年，引种各类绿化植物品种1000多个，重点推广了300多个，使常见绿化植物种类达到了800多种。在绿化植物品种的引种过程中，彩叶植物作为观赏植物中最亮丽的类群，自然成为引种繁育的重点。一大批彩叶植物品种在城市绿化中的推广应用，迅速改变了绿化景观千篇一律、绿化景观色彩单调的局面。初步实现了在上海城市绿化中构建"春花秋色"景观的目标。

北京是我国开展彩叶植物研究与应用最早的地区，20世纪90年代初，北京植物园对全国13个省20余个市、县进行了彩叶植物资源调查，共统计到彩叶植物222种，在资源调查的基础上，从国内外引进彩叶植物30种（含品种），筛选出12种进行推广应用，其中包括一批日后在全国范围内大量应用的著名品种，如金叶女贞、'紫叶'小檗、'紫叶'李等。

彩叶植物非常适合大规模特色绿化景观的营造，很容易形成宏达、壮观的场景，随着我国城市化的不断推进，必将得到更大的应用空间。

四、彩叶植物应用的问题

与其他绿化植物新品种应用中的情况类似，我国彩叶植物的应用中存在一些普遍性问题，严重影响了彩叶植物的推广应用，其中比较典型的有以下几个方面：

1. 对品种（cultivar）和种（species）不加区分

品种与种的区分在农业生产中受到高度的重视，而在园林绿化中则未引起足够的关注。由于忽视原种与品种的区别，给我国彩叶植物的生产和应用造成的严重损失非常普遍，红花檵和北美枫香的引种就是一个典型范例。20世纪90年代至本世纪初，随着彩叶植物热潮的不断升温，国内的一些种苗企业进口了大量的红花檵和北美枫香种子，销售给苗木企业和农户种植，结果发现第一年秋天小苗的变色还不错，只是叶色比较杂乱，很难找到两株变色一致的小苗，但是，随着实生小苗的不断长大，变色的苗木数量越来越少，成苗后能够变色的就更少了，这些实生苗用到园林绿化中的表现大都不理想，一条道路上很难找到叶色、叶期一致的两株树，给施工企业和种植农户造成严重的损失。为了确保绿化效果，还是应该使用无性繁殖的品种苗，这样才能确保观赏性状的稳定和一致。

2. 忽视了品种的栽培范围

彩叶植物的呈色受到环境因子的限制，不同的品种都有其呈色的适应范围，而我国幅员辽阔，要找到一种适合我国南北地区普遍种植的彩叶植物几乎不可能。例如银叶檵和红花檵的杂交种中有个品种叫'秋焰'（*Acer* 'Autumn Blaze'），不仅叶色艳丽，而且主干通直，生长快，在北美地区栽培表现非常好，引种到我国后，从北到南大量种植，在青岛地区秋色效果表现良好，而在南方地区则很难呈现出良好的彩叶效果。还有很多彩叶树种因其应用区域不适合而不成功的例子，如'红哨兵'挪威檵（*Acer platanoides* 'Crimsion Sentry'）、'国王'枫（*Acer platanoides* 'Crimsion King'）、连香树、猩红栎、北方红栎、糖檵等。因此，在彩叶植物应用的时候，一定要重视品种适合栽培的范围，以免造成重大损失。

3. 忽视了品种的某些缺陷

园林植物品种在培育的过程中，由于人工选择的作用，观赏性状得到了强化保留，而某些适应性方面的性状则被丢弃了，因此，很多园艺品种在生态适应性方面可能都存在严重的缺陷，特别是一些花叶的品种，如复叶槭有一个品种叫'火烈鸟'（*Acer nugondu* 'Flamingo'），新叶粉白到浅紫，春叶萌发时色彩绚丽、鲜艳夺目，但是，随着夏季气温升高，叶片中的浅色部分因日灼而开始失色，到夏末的时候，整株的大部分叶片都会呈现出若火烤过一般的焦枯状，与春季的壮丽景观判若两然。类似情况经常发生在花叶或金叶的品种上，如'金叶'小檗、'金叶'挪威槭、'彩叶'杞柳、'花叶'女贞、'金叶'连翘等。对于这类品种，在配置应用的时候就要考虑到这些缺陷，通过种植地点选择或者与其他品种的合理配植，创造出良好的小气候环境，尽量减少因其自身生态环境适应性不足而引起的危害。

4. 栽培技术不配套

农业生产上十分强调"良种良法"，而园林绿化中对栽培技术的重视则不足。苗木在苗圃培育的阶段通常都比较重视先进栽培技术的应用，而苗木一旦出圃，栽植到园林绿地中以后，栽培养护的水平会明显下降，有的甚至不再进行养护，任其自生自灭。因此，许多品种在苗圃中能表现出很好的观赏性状，一旦种植到园林绿地中，就再也表现不出原来的效果。相对于苗圃的生长环境，城市绿地中的立地条件往往更差。光照严重不足，对彩叶植物叶色呈现（尤其是秋色叶植物）非常不利，再加上楼宇间的"狭道效应"和城市中普遍存在的"热岛效应"，许多种植在街道上的植物都会出现焦叶的现象。因此，彩叶植物在城市绿化中应用需要有完善的配套技术，比如品种的筛选、配置地点的选择、土壤介质的改良、病虫害的防治以及水肥管理等。

'秋焰'在上海秋季的表现

'秋焰'在青岛秋季的表现

2 第二章

彩叶植物景观的营造

一、彩叶植物景观概述

1. 彩叶植物景观的定义

彩叶植物景观可以简单理解为由彩叶植物形成的、以叶色为主要观赏对象的植物景观，既可以是一种彩叶植物构成的景观，也可以是多种彩叶植物构成的景观，还可以是彩叶植物与其他观赏植物构成的景观。

2. 彩叶植物景观的类型

按照彩叶植物景观形成和持续的季节，可以将彩叶景观分为春色叶景观、秋色叶景观和常色叶景观。

春色叶景观：以春色叶植物为主要观赏对象形成的彩叶景观。一般在春季新叶萌发时观赏效果比较突出，随着季节的转换，彩叶景观的观赏效果减弱。如山麻杆、'红叶'椿、'红罗宾'石楠、金叶女贞、'金边'鹅掌楸等形成的景观。

秋色叶景观：以秋色叶植物为主要观赏对象形成的彩叶景观。一般在深秋到初冬季节，叶色转变时的观赏效果比较突出，多以落叶树种为主。如黄栌、白蜡、元宝枫、鸡爪槭、枫香、银杏、红花槭、无患子等形成的景观。

常色叶景观：以常色叶植物为主要观赏对象形成的彩叶景观。一般能够周年或落叶前都能保持较好的彩叶效果。如'紫叶'李、'紫叶'矮樱、花叶芦竹、'花叶'芒、'金边'大叶黄杨、'蓝冰'柏、变叶木等形成的景观。

此外，还可以按照形成彩叶景观植物的生物学特性和空间分布的层次，将彩叶景观分为彩叶乔木景观、彩叶灌木景观、彩叶藤本景观和彩叶地被景观。

3. 彩叶植物景观的特点

相对于其他植物景观，彩叶景观拥有更大的视觉面积，更容易营造出壮美的景观氛围。针对彩叶景观以整体效果观赏为主的特征，彩叶景观的观赏效果可以从色彩、体量和形状三个方面进行评价。

色彩是描述彩叶景观最重要的特征，是指彩叶景观的颜色带给人的直观感受，色彩的观赏效果基本决定了彩叶景观的观赏价值。对色彩的评价可以借用美术作品的评价方法，从色相、明度、饱和度以及色彩的层次和丰富度等进行评价。体量也是描述彩叶景观的另一个重要特征，是指彩叶景观在感官上给人留下的体积或面积大小的印象，

山麻杆春色叶景观

'红罗宾'石楠春色叶景观

白蜡秋色叶景观

鸡爪槭秋色叶景观

'蓝冰'柏常色叶景观

花叶芦竹常色叶景观

鸡爪槭自然式种植带来放松、自由的感觉

'金叶'刺槐规则式种植带来统一、有序的感觉

体量愈大愈能形成震撼的效果，是彩叶植物造景的优势所在。形状也是描述彩叶景观的重要特征，是指彩叶景观的外形轮廓给人留下的视觉印象，不同形状的彩叶景观会带给人不同的感受，规则整型式的彩叶景观往往带给人庄严、统一、有序的感觉，不规则自然式的彩叶景观往往给人留下放松、分散、自由的感觉。

4. 彩叶植物景观的鉴赏

彩叶景观与其他植物景观的主要区别在于观赏的对象不同，彩叶景观是以彩叶植物的叶色所形成的景观为观赏对象。而叶片的形态相对简单，仅叶片的形状比较丰富，叶色明显不如花色丰富，叶香则更少，因此，彩叶景观的观赏内容主要以群体美的观赏为主。但是，有些彩叶种类叶型奇特，也具有很高的观赏价值，如银杏、黄栌、连香树、鸡爪槭等，也可以作为个体美观赏。还有一些斑色叶的种类，叶片上的色彩变化也很有趣，可以作为细节美观赏。彩叶景观的观赏内容不同，观赏的方式也就不同，群体美需要远观，个体美和细节美则需要近观。色彩是彩叶植物景观最重要的观赏特性，色彩的呈现受到环境中光照条件的影响，鲜艳明亮的色彩只有在充足的光照条件下才能呈现出来，而且，光线的方向不同，呈现出的色彩也不同，顺光和背光时候看的色彩差异最明显。因此，彩叶景观的鉴赏要根据观赏内容和环境条件选择适合观赏的方式。

二、彩叶植物景观营造

1. 彩叶植物景观的美学原理

（1）彩叶植物的色彩设计

色彩美是园林景观的构成要素之一，彩叶植物的色彩应用是植物造景的关键所在。

进行彩叶植物造景时，必须先了解各种色彩的构成和表现机能。色彩包括色相、明度和纯度三要素。色相是区分色彩的名称，红、黄、蓝为三原色；其中两两等量混合即为橙、绿、紫，称为二次色；二次色再相互混合则成为三次色，即橙红、橙黄、黄绿、蓝绿、蓝紫、紫红等。明度指色彩的明暗程度，因色相不同而不同，如在常见彩叶植物中的色彩中，黄色明度最高，紫色明度最低；也因纯度不同而不同，如深红和浅红的明度显著不同。纯度是指色彩的纯净程度，原色纯度最高，二次色次之。

彩叶植物的不同色彩在园林造景中表现机能不同，主要表现在色彩冷暖感、轻重感和距离感等方面。红、橙、黄等颜色，给人以温暖的感觉，为暖色系，以红、橙色最突出；绿、紫、蓝等颜色，使人产生清凉、宁静的感觉，为冷色系，以蓝色最为突出。白色具有明显的协调作用，与冷暖色搭配均不改变其表现机能。色彩的轻重感由色彩的明度和彩度决定，明度越高，色彩越浅，则越觉轻盈，如白色、黄色比紫色、红色轻盈，而深红比浅红厚重。色彩的距离感，暖色系看起来会拉近观赏者与景物之间的距离，是前进色；冷色系看起来则会拉远距离，是后退色。6种标准色的距离感按照由近而远的顺序排列是：黄色、橙色、红色、绿色、蓝色和紫色。利用色彩的这些特性，在彩叶植物造景中，可以通过不同色彩的搭配，增加园林景观的层次感、立体感和动感。例如，以暖色系做背景时，前面的景物显得较小，而以冷色系做背景则使前面的景物显大。

此外色彩还可表现出一定的情感，如红色给人以兴奋、欢乐、喜庆、美满之感；橙色给人以明亮、华丽、富贵之感；黄色给人以辉煌、温和、光明、快活之感；蓝色给人以宁静、深远、秀丽之感，同时也有悲伤、压抑之感；紫色给人华贵、典雅之感，同时也有迷惑、忧郁之感。了解色彩的感情对于彩叶植物的造景设计是有帮助的。

园林植物片植时，如果用同一种植物且颜色相同，

鸡爪槭

‘花叶’锦带花

花叶玉簪

白杆

类似色的配色给人平静、调和的感觉

草坪上丛植红枫，对比色的运用引人注目

花境中多色配置

容易让人感到单调无味。景观中常见整个色调以大片的草地为主，中央有碧绿的水面，草地上点缀着造型各异的深绿、浅绿色植物，结合白色的园林设施，显得宁静和高雅。

如在草地上栽植红枫，绿的草地与红的叶形成鲜明的对比，红色会显得更红，绿色会显得更绿。"万绿丛中一点红"这句话很能说明对比搭配的技巧。在植物景观设计中，对比色配色常用于重点景区，很引人注目。

多种色彩的植物配置在一起会给人生动、欢快、活泼的感觉。彩叶植物色彩丰富，在与其他观赏植物配置时，要注意有主有次，选一两个主色相，或有一个明确的主色调，否则会显得杂乱无章。

（2）形式美法则

好的作品都是形式与内容的完美结合，彩叶植物造景中同样遵循着绘画艺术和造景艺术的基本形式美法则，即整齐一律、对称均衡、调和对比、节奏韵律、多样统一等。

整齐一律又称单纯齐一，是最简单的形式美。如大片草坪、单纯树林等。

整齐一律的形式美常被应用于道路绿化、广场绿化和大型公共建筑空间绿化。道路分车带用金叶女贞和红叶石楠或者紫叶小檗作排列式色块配置，淡绿色和暗红色显得明快、简洁、协调。

对称均衡作为一种体现了事物各部分间组合关系的最普遍法则。对称有两种形式：线对称和点对称。前者是以一条线为中轴，左右或上下两侧均等；后者则以一个点为中心，不同图形按一定角度在点的周围旋转排列，形成放射状的对称图形。对称保持了整齐一律的长处，同时避免了完全重复的呆板，既显得庄重安稳，又起到了衬托中心的作用，所以在彩叶植物景观设计中应用广泛。主要道路两侧、公园的主入口处、陵园等常用线对称的形式设计，主建筑、交通安全岛、小型广场中心常用点对称设计。

均衡是对称的变体，即处于中轴线两侧的形体并不完全等同，只是大小、虚实、轻重、粗细、分量大体相当。较之对称，均衡显示了变化，在静中趋向于动，给人以自由、活泼的感受。公园、游步道中常用均衡式设计。

调和对比。调和是在变化中趋向于统一，对比则在变化中趋于差异。色彩中具有同一色相的同类色，如红与橙、橙与黄、黄与绿、绿与蓝、蓝与青、青与紫、紫与红等，就是调和色；同一色彩中浓淡、深浅的层次

整齐一律法则在公园绿地中的运用

彩叶植物景观的点对称

整齐一律法则在单位附属绿地中的运用

彩叶植物在庭院中的均衡设计

彩叶植物景观的线对称

彩叶植物在园路边的均衡设计

红、橙、黄色彩的运用使景观具有协调、柔和之美

'金叶'连翘植于林缘使画面明亮起来

金叶女贞、红花檵木、瓜子黄杨的有规律重复种植，使道路的绿化具有节奏感

变化，也属于调和。调和能给人以协调、融合、宁静之感，属于阴柔之美，所以在一些供人休息和需要安静的场所，植物景观设计往往偏于调和的形式美。

对比是把两种相互差异的形式因素并列在一起，其反差性大，跳跃性强。就彩叶植物造景而言，对比色配色，如红色与绿色、橙色与蓝色、黄色与紫色可以产生对比的艺术效果。一片幽深浓密的密林，会使人产生神秘感和胆怯感，不敢深入，如配植一株或一丛秋色或春色为黄色的乔木或灌木，诸如银杏、无患子、'金叶'连翘等，将其植于林中空地或林缘，即可使林中顿时明亮起来，而且能在空间感中起到小中见大的作用。

节奏韵律。节奏是指事物在运动过程中有秩序、有规律的反复。韵律比节奏内涵丰富，它在节奏基础上形成，并被赋予了一定的情调，呈现出特有的韵味和情趣，是一种富有情感色彩的节奏。常用节奏和韵律表现景观的有行道树、道路中央隔离带等适合人心理快节奏感受的道路绿化，同时注意纵向的立体轮廓线和空间变换，做到高低错落，避免布局呆板。

多样统一又称和谐，是形式美的高级法则。"多样"指整体所包含的各个部分在形式上的区别和差异性，"统一"则指各个部分在形式上的共同性及整体联系。彩叶植物无论在株形、冠形、叶片大小、色彩、风格以及叶片变色期等方面都存在丰富的变化，如孤植的彩叶植物，必须与草地、灌木统一配置才能衬托出形体美；又如群植的树木必须有主有次，用主要树木形体统一次要树木形体；不同的秋色叶树种如枫香、槭树、黄栌等混交而成秋色林，统一在相似的秋色上。

此外，比例与尺度也是彩叶植物造景中应当考虑的因素。例如，形体高大的银杏、榉树等如果孤植、丛植，应选择协调的环境，如大片开阔的草坪或广场上，而用于小型庭院则难展现它们的个体美，并会使庭院显得拥挤。设计师还应该考虑到植物随着时间而发生的尺度变化，应采取一些措施以保证景观的观赏效果。

2. 彩叶植物的配置原则

（1）生态适应性原则

应用彩叶植物时要注重其生物学、生态学特性，要考虑植物的生态习性及其与环境的关系，就是根据绿化地点的地理纬度、生态条件、地形地势和景观类型（庭园景观、水体景观、花境、花坛等）科学合理地选择彩叶植物。彩叶植物只有在适宜的生态环境下才能充分显示其色彩美，如'紫叶'小檗、金叶女贞、'金叶'连翘等要求全光照才能体现其色彩美。将乔木、灌木、草本等植物因地制宜地配置为适宜的生态群落，使种群间相互协调，有复合的层次和相宜的季相色彩，构成和谐有序的园林绿地生态系统。

（2）季相变化原则

彩叶植物分为常色叶植物、春色叶植物、秋色叶植物。不但有季相变化，而且不同植物形态、色彩自有不同，在配置时，应考虑不同植物的季相变化，将不同花期、色相、形态的植物协调搭配以延长观赏期。苏州留园西部山体以赏秋色叶为主，除主栽银杏、枫香、鸡爪槭外，还配有迎春、桃、梅等小灌木，角隅间有柳、梧桐等。因其间植了一些春花为主的灌木，所以赏秋之余，春季也耐观看，西北角的柏树丰富了冬景，具有较明显的季相变化。

（3）符合美学原则

彩叶植物的色彩非常丰富，有黄（金）色类、橙色类、紫（红）色类、蓝色类、多色类（叶片同时呈现两种或两种以上的颜色）。因此，在彩叶植物与其他植物搭配时，要遵循美学的原则，既要考虑色彩的搭配，又要考虑形式美法则的应用。彩叶植物在进行配置时应因地制宜，结合具体的环境条件进行合理的色彩搭配，选择适宜的彩叶植物种类。如体量大的建筑应采用彩叶乔木，或成丛成片的彩叶灌木进行搭配；而在道路植物配置时，应每隔一定距离配植一株或一丛醒目的红色或黄色彩叶植物，表现一定的节奏和韵律。

3. 彩叶植物的配置形式

植物的配置形式多种多样、千变万化，彩叶植物常用的配置形式有孤植、对植、列植、丛植、群植、林植、篱植、花境等。

（1）孤植

孤植树主要突出表现单株树木的个体美。彩叶植

彩叶植物与草地、灌木统一配置才能衬托出形体美

苏州留园中古树银杏与亭子的比例已不太协调

草坪中的红花槭孤植

开敞草坪中的孤植树常为主景

孤植树在植物丛中作主景树

草坪中的'紫叶'李孤植

物色彩醒目，可作为景观中心和视觉焦点，起到突出景观、引导视线的作用。所以孤植的彩叶树种一般选择观赏价值较高的彩叶乔木。适宜孤植方式的彩叶乔木主要有'金叶'皂荚、'金叶'刺槐、'金叶'梓树、'花叶'挪威槭、三角枫、无患子、银杏、鹅掌楸、白蜡、五角枫等。

（2）对植

对植是指两株或两丛相同或相似的树，按照一定的轴线关系，做相互对称或均衡的种植方式。对植常用于建筑物前、广场入口、大门两侧、桥头两旁、石阶两侧等，起烘托主景作用，给人一种庄严、整齐、对称和平衡的感觉。

对称栽植将树种相同、体型大小相近、树木相同的乔木或灌木对称配置于中轴线两侧，多用于宫殿、寺庙、纪念性建筑物前，体现一种肃穆气氛。

非对称式栽植将树种相同或近似，大小、姿态、数量有差异的两株或两丛植物在主轴线两侧进行不对称均衡栽植常用于自然式园林入口、桥头、假山登道、园中园入口两侧，既给人以严整的感觉，又有活泼的效果，布置比对称栽植灵活。

（3）列植

列植是乔木或灌木按照一定的株距成行栽植的种植形式，有单行、环状、顺行、错行等类型。列植形成的景观比较整齐、单纯、气势庞大、韵律感强。如行道树栽植。列植在园林中可发挥联系、隔离、屏障等作用，可形成夹景或障景，多用于公路、铁路、城市道路、广场、大型建筑周围、防护林带、水边，是规则式园林绿地中应用最多的基本栽植形式。

列植宜选用树冠体形比较整齐、枝叶繁茂的树种。如圆形、卵圆形、椭圆形、塔形等的树冠。

列植株行距大小取决于树种的种类、用途和苗木的规格以及所需要的郁闭度。一般而言大乔木的株行距为5～8m，中、小乔木为3～5m；大灌木为2～3m，小灌木为1～2m；绿篱的种植株距一般为30～50cm，行距也为30～50cm。

（4）丛植

由2～3株至10～20株同种或异种的树种做不规则近距离组合种植，其林冠线彼此密接而形成一整体，这样的栽植方式为丛植。丛植常用造景形式有两株丛植、三株丛植、四株丛植、五株丛植等，丛植常见构图和组合形式图。丛植是自然式园林中最常用的方法之一，它以反映树木的群体美为主，这种群体美又要通过个体之间

对称栽植

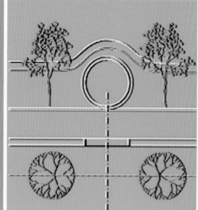

非对称式栽植

元宝枫建筑物前对植

红花槭在绿地上列植

黄连木在道路边列植

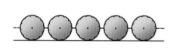

单行列植

环状列植

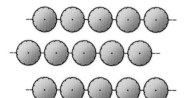

错行列植

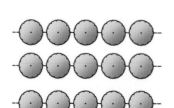

顺行列植

列植的类型

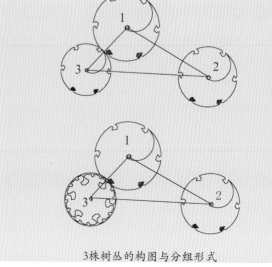

3株树丛的构图与分组形式

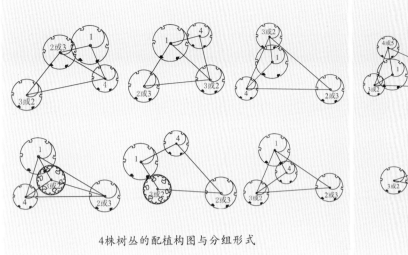

4株树丛的配植构图与分组形式

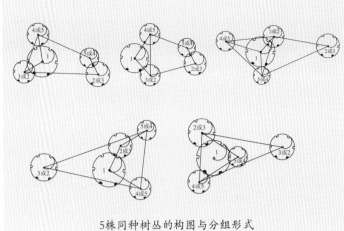

5株同种树丛的构图与分组形式

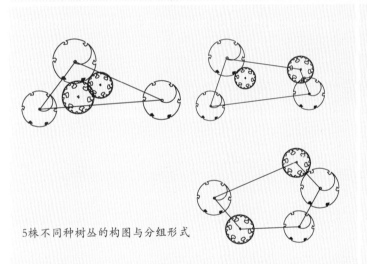

5株不同种树丛的构图与分组形式

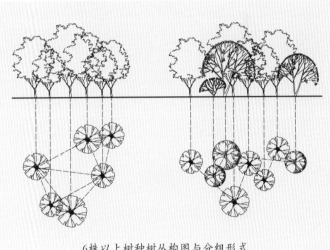

6株以上树种树丛构图与分组形式

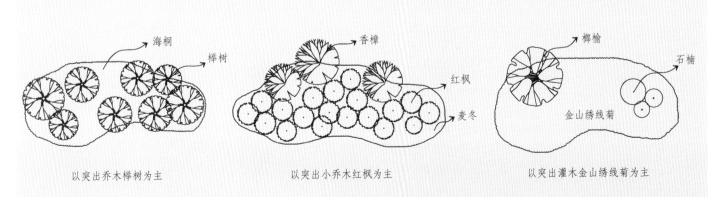

以突出乔木榉树为主　　　　以突出小乔木红枫为主　　　　以突出灌木金山绣线菊为主

树丛配置主体突出

水边彩叶植物丰富景观色彩

草坪上红枫与花灌木形成优美的群体景观

落羽杉丛植点缀草坪

土丘上不同彩叶植物的群植

的有机组合与搭配来体现，彼此之间既有统一的联系、又有各自的形态变化。

丛植植物讲究植物的组合搭配效果，基本原则是"草本花卉配灌木，灌木配乔木，浅色配深色……"通过合理搭配形成优美的群体景观。以遮阴为主要目的的树丛常选用乔木，并多用单一树种，如榉树、'金叶'梓树、'金叶'槐等，树丛下也可适当配置耐阴花灌木。以观赏为目的的树丛，为了延长观赏期，可以选用几种树种，并注意树丛的季相变化，最好将春季观花、秋季观果的花灌木以及常绿树种配合使用，并可在树丛下配置耐阴地被。例如，在华北地区，"油松–元宝枫–连翘"树丛或"黄栌–丁香–珍珠梅"树丛可布置于山坡。

（5）群植

由二三十株以上至数百株的乔木、灌木成群配置时称为群植，其群体称树群。树群可由单一树种组成亦可由数个数种组成。

以彩叶植物为主要树种成群成片地种植，独特的叶色和姿态一年四季都很美观。大多数彩叶植物适合群植，如银杏、枫香、元宝枫、鸡爪槭、红枫、'紫叶'李、落羽杉、黄栌等群植主要表现的是整体美，可作为园林中的主景。不过若同种植物成片栽植，特别是在平地造景中，若没有处理好林缘线和林际线的变化，则会显得呆板，甚至造成类似于园林苗圃的栽植效果。所以同种植物群植时植物的规格要有差异，或者通过地形处理形成高低错落的林冠线和曲折多变的林缘线。

水边落羽杉和池杉的群植

草坪上落羽杉和针叶树的群植

八达岭长城黄栌林植形成层林尽染的效果

（6）林植

成片、成块地大量栽植乔、灌木称为林植，构成林地或森林景观的称为风景林或树林。此种配置方式多用于风景区、森林公园、疗养院、大型公园的安静区及卫生防护林等。在风景林建设中，将彩叶植物较大面积地种植，让人们在某一季节欣赏其独特而壮观的群体效果。著名的香山红叶便是由黄栌在秋季叶色转红所形成的壮丽景观。

林植有自然式林带、密林、疏林等形式。自然式林带中可用于城市周围、河流沿岸等处；密林多用于大型公园和风景区；而疏林则常用于公园的休息区。林植从植物组成上分，又有纯林和混交林的区别，单纯密林和混交密林在艺术效果上各有特点，前者简洁壮观，后者华丽多彩。适于林植的彩叶树种有黄栌、五角枫、乌桕、枫香、黄连木、鸡爪槭、元宝枫等。

（7）篱植

凡是由灌木或小乔木以近距离的株行距密植，栽成单行或双行的，其结构紧密的规则种植形式，称为绿篱或绿墙。彩篱是绿篱的一种形式，按照高度分，彩篱可以分为矮篱（<0.5m）、中篱（0.5~1.2m）、高篱（1.2~1.6m）、绿墙（>1.6m）几个类型。

彩叶植物绿篱的配植方法可以用不同植物组合，如采用几种不同的树种——针叶树种、大叶类树种、小叶类树种各作为绿篱的一段。很多景观都采用彩篱与绿色植物搭配，能丰富园林造景的层次感。

或在一条同一树种或不同树种的绿篱上，有宽有窄，一段宽（如60~70cm）、一段窄（如30~40cm），宽窄相间，看过去好像有个曲线，增加美感。

或高矮相间：在一条绿篱中修剪成一段高（如1m），一段矮（如50cm），这样高高低低，很像城墙的垛口，显得很别致。

不同造型相结合：在一条绿篱上按照不同植物

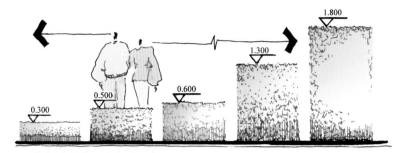
按照高度划分的绿篱类型示意

宽窄不一的彩叶篱与花卉配置常用造型

不同造型和色彩相结合的绿篱

紫叶小檗、金山绣线菊和瓜子黄杨形成的宽窄不一的曲线

的长势制作不同的造型。例如一段剪成平顶的植物（如'金边'大叶黄杨）夹着一棵修剪成圆形或椭圆形的植物（如红花檵木）。在一条绿篱上有方形、圆形、椭圆形，竖面上也是高低错落，非常活泼、多姿的。

不同颜色的相间组合：一条绿篱由红叶植物、黄叶植物、绿叶植物或者深浅绿色植物相间组成，使绿篱更加多彩、艳丽。例如用一段金叶女贞、一段墨绿龙柏、一段红花檵木或'红罗宾'石楠相间组成的绿篱。

（8）花境

花境是以宿根花卉为主，结合花灌木、一、二年生花卉等观花、观叶植物，以自然带状或斑块的形式混合种植于林缘、路缘、草坪、庭院、墙垣等处。彩叶植物因叶色丰富，常用在花境布置，丰富景观。常用彩叶植物种类有'金叶'大花六道木、'小丑'火棘、'金叶'锦带花、灌丛石蚕、'花叶'络石、'金边'阔叶麦冬、'花叶'芒草等。

另外，一些蔓性的彩叶植物，如'花叶'蔓长春花、'花叶'常春藤、'金叶'番薯等多用于地被和做组合盆栽的垂吊植物；一些彩叶草本植物常用于花坛、花丛的设计或用做地被，如花坛中常用'金叶'佛甲草、银叶菊、红苋草、雁来红、'金叶'过路黄、'胭脂红'景天等。小庭院植物景观设计中也常用彩叶植物丰富景观色彩和造型。

4. 彩叶植物与其他园林造景要素的配置

（1）彩叶植物与道路的配置

公路两旁绿化带采用成片、块或者图案种植彩叶植物，使空间色彩变化具有跳跃感，增加时代气息，前方景观不断变换，可以同时给驾驶员和乘客一些视觉变化，起到减轻疲劳提高安全性的效果。在高速公路隔离带配置时，可以将同类彩叶植物三五成丛种植在一起，也可以将株丛紧密且耐修剪的彩叶植物修剪成规整的树型，或与其他绿色基础种植材料相互搭配构成美丽的镶边和各种字符、图案等。彩叶树种可以选择'紫叶'李、鸡爪槭、'红罗宾'石楠、金叶女贞、'紫叶'小檗等植物。在自然的园路旁，多以乔灌木自然散植于路边或以乔灌木丛群植于路旁，使之形成更自然更稳定的复层植物群落。

'红罗宾'石楠、灌丛石蚕和'金边'大叶黄杨形成的绿篱

由金叶女贞、龙柏、红花檵木组成的绿篱

草坪上彩叶植物和其他花灌木配置形成的花境

路边彩叶植物和其他花灌木配置形成的花境

道路边以彩叶植物为主形成层次和色彩丰富的花境

红苋草、'金叶'佛甲草、'胭脂红'景天等观叶草本用于立体花坛造型

'金叶'番薯和其他草花用于路边花台

园路边鸡爪槭为主的配置

彩叶植物用于庭院绿化

分车带彩叶植物与其他植物配置

园路拐角处彩叶植物配置形成视觉焦点

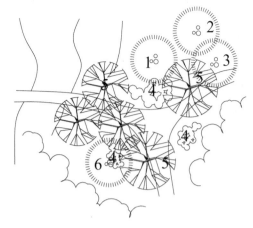

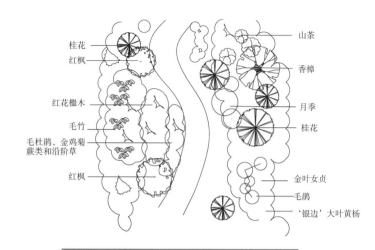

1. 桂花；2. 栲树；3. 朴树；4. 毛鹃；5. 鸡爪槭；6. 金叶女贞

杭州植物园槭树杜鹃园主路植物配置图

园路旁以彩叶植物为主的复层植物群落平面图

（2）彩叶植物与山石的配置

山石与植物配合，很有中国国画的味道，也很容易形成局部空间的视觉焦点。彩叶植物与山石相配合，应该从山石的体量、形态、色彩、质地等多方面考虑，一般植物选用形态突出的彩叶乔灌木搭配置石，例如红枫搭配一些刻有题词的置石；以耐修剪、色彩鲜艳的彩叶乔灌木配石，例如'金边'大叶黄杨配石、红花檵木配石；以低矮的草质藤本配石，富有野趣，例如边坡上的'花叶'蔓长春、'花叶'络石搭配置石。形态浑圆粗犷的山石以彩色叶植物搭配最妙，竖立的可以搭配鸡爪槭、元宝枫、南天竹等形态突出的彩叶植物，斜伸在山石前面的枝条带给粗犷的山石一丝细腻柔情；横卧的可以搭配'黄脉'忍冬、'花叶'扶芳藤等藤本类植物，也可搭配修剪整齐的，或图案造型的植篱，带给人舒适的自然美景观。

（3）彩叶植物与水体的配置

水是园林造景的重要元素之一，水使景物活泼亲切，充满生机。在水体周围种植彩叶植物，可以从色彩和形态上丰富构图，使游人流连忘返。在水池边栽种彩叶小灌木，如'花叶'锦带花、'花叶'胡颓子、红花檵木、'金叶'大花六道木等，倒映水中五彩斑斓。栽种在水边的彩叶植物应当选择一些耐水湿的种类，宜采用黄栌、红枫、花叶芦竹、'金脉'美人蕉等植物。岸边的植物配置，应结合地形、道路、岸线布局，有近有远，有疏有密，有断有续，曲曲弯弯，自然有趣。最忌等距离，用同一树种，同样大小，甚至整形式修剪，绕

'花叶'忍冬柔化石块硬朗的线条

红枫丰富了石边的景观色彩

水边彩叶植物形成层次丰富、清秀雅致的景点

水边乌桕树丛使水景充满生机

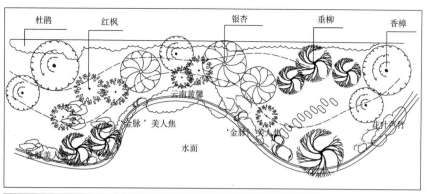

杜鹃　红枫　银杏　垂柳　香樟

云南黄馨

'金脉'美人焦

'金脉'美人焦

花叶芦竹

水面

水边以彩叶植物为主体，配置各种线条的植物，丰富线条构图

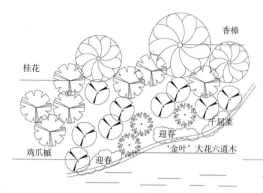

桂花　香樟

鸡爪槭　迎春　迎春　'金叶'大花六道木

千屈菜

疏密有致、断续结合的土岸植物配置图

'金脉'美人蕉水边配置

彩叶植物点缀桥边景观宁静和谐

日本槭在庭院景观起视觉焦点作用

岸栽植一圈。在色彩应用上兼顾季相变化，以常绿树种为基调，注重彩叶树种如鸡爪槭、'金叶'大花六道木的使用；在花期以千屈菜的紫色花序、迎春的黄色花朵进行点缀，丰富了群落色彩。

（4）彩叶植物与建筑小品的配置

彩叶植物与建筑物搭配主要起到两个作用：一是障景，即遮挡不美观的建筑物，如垃圾台、车棚等；二是引导视线，强调入口，使建筑物的出入口醒目。彩叶植物与亭台楼阁、花架、景墙等配合，其色彩可减弱由于建筑材料造成的沉重感，从而使得场所的氛围变得活泼生动起来，使人们的心情得到放松。彩叶树种与建筑及其他园林小品的配置和组合要综合考虑各自的色彩、线条、体量、主题等来选择适宜的彩叶树种，并采取适当的配置形式。通常红色的建筑和园林小品可选用蓝色系或黄色、黄绿色的彩叶树种做基础种植或为背景，突出建筑和园林小品的色彩；浅色的建筑前可配置深色的彩叶树种，色彩对比明显，观赏效果好。体型小巧、造型活泼的建筑和园林小品可配置姿态雅致、色彩较艳丽的彩叶树种，如果建筑和园林小品的主题是活泼的，可选择令人愉悦的，色彩明亮的彩叶树种，如'金叶'大花六道木、'彩叶'杞柳、'红罗宾'石楠等；如果它们的主题是严肃庄重的，可选择让人沉静的，色彩暗淡的彩叶树种。建筑的角隅相对僻静，而线条生硬，用植物配置进行软化和美化很有效果。

彩叶植物在园林中不论孤植、丛植、列植、群植和片植还是篱植、花境等，只要运用得当，都可以取得良好的造景效果。而彩叶植物若能与道路、山石、水体和建筑搭配有方，则更能提升整个园林的气质和水平。并且要结合当地风土人情和人文特色，深度发掘深层次内涵，营造园林景观的"意境美"。只有将这两者完美结合，才能建造出深受人们喜爱并且经久不衰的经典园林作品。

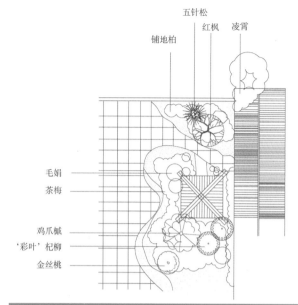

整亭旁配置少量彩叶乔木，辅以低矮的花灌木和草花

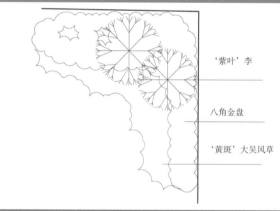

建筑角隅的植物配置由高到低呈扇形展开

榉树与水榭的配置丰富景观色彩

第三章

3

彩叶植物景观的维护

植物景观是园林绿化中唯一具有生命的景观，景观的外貌随着时间的推移不断变化，景观效果的呈现经常受到环境因子的影响，影响彩叶景观效果的主要因素包括土壤、光照、温度、空气湿度、病虫害以及整形修剪的技术水平等。为彩叶植物的健康生长创造良好的条件，彩叶植物才能表现出高质量的景观效果。

一、土壤改良

我国城市绿化中土壤来源比较复杂，大多为外地调运的客土，理化性质差异悬殊，对植物成活和正常生长影响很大，基本上都需要作土壤改良。

绿化土壤改良的目标主要是改变土壤的物理结构，改善植物根部的通气环境，常用的作法包括加入粗沙、沸石、陶粒等无机栽培介质，提高土壤的孔隙度，加入泥炭、腐熟的枯枝落叶和动物粪便、有机肥料等改善土壤的团粒结构。对于土壤严重板结或盐渍化严重的土壤还要采取必要的工程措施，比如设置通气管、铺设排盐管、开挖排盐沟等。对于严重污染的土壤只能进行更换。

二、地表覆盖

地表覆盖主要对于维持植物根际环境具有重要的作用，同时也具有装饰作用。土壤温度是植物生长发育的重要生态因子，对水分和矿质营养的吸收有重要影响，绿化覆盖物一方面阻挡部分太阳光直射到地表，另一方面对土壤蒸发和散热也有一定缓冲作用，起到调节土壤温度的效果，从而对彩叶植物的生长和变色产生积极的影响。

地表覆盖的设置操作比较简单，城市绿化中常以树皮或树枝粉碎物作为覆盖物，也有用小石子、陶粒作为覆盖物，还有种植地被植物作为地表覆盖物，不同的覆盖物对土壤指标的影响有明显的差异。

设置覆盖处理后土壤温度出现显著下降，各种覆盖处理的土壤总孔隙度、毛管孔隙度和通气孔隙度都有一定程度的增加，覆盖处理使植物的根际环境得到了改善，促进了植物的生长，叶绿素和胸径都明显提高。

因此，在彩叶植物的应用中应尽量采用地表覆盖，覆盖的材料可根据具体的环境要求和资源情况、以及成本的核算水平进行选择，尽量将彩叶植物的根系区域覆盖住，不仅为根系创造良好的环境，还可以减少地表热

不同覆盖材料对红花槭生长的影响

不同覆盖材料对红花槭变色的影响

不合理的分枝结构　　不合理的分枝导致的折断

国王枫小苗的修剪

国王枫小苗的绑扎

毒绒蛾幼虫危害症状

毒绒蛾幼虫

红花檵上的咖啡木蠹蛾幼虫

乌桕上的樗蚕蛾幼虫

星天牛成虫

幅射对地上部分的伤害。

三、水肥管理

在彩叶景观的维护中要提倡测土配方施肥，既节约肥料的用量，又可以防止施肥过量对植物造成伤害。由于绿化土壤的结构和理化性质普遍较差，彩叶植物的施肥以有机肥为宜，既可以提高土壤肥力，也可以兼顾土壤结构的改良。目前在售的有机肥中有些是由动物粪便制成的，由于技术或工艺的原因，动物粪便的发酵不够彻底，带有强烈的臭味，不适合在城市公园或居住区等人流较集中的地方应用。因此，城市绿化中应根据土壤的结构和肥力水平、植物对肥料的偏好以及施肥对环境的影响等多个方面综合考虑，选择适当的肥源和用量。

四、整形修剪

彩叶景观是以观叶为主的植物景观，只有植株枝繁叶茂才能形成良好的景观效果。合理地利用整形修剪技术，可以使彩叶景观的效果更好地呈现出来，特别是一些作规则式栽植的彩叶景观，如绿篱、色块、模纹花坛等。在日常的栽培养护中由于整形修剪不合理，而降低彩叶景观观赏价值的例子比比皆是，红花檵木和红叶石楠的修剪就是典型的例子。红花檵木和红叶石楠常作绿篱和其他规则式栽植，为了保持规整的形状，修剪的强度普遍较大，修剪次数也比较频繁，一般会在秋季或入冬前作一次强修剪，红花檵木花芽形成于上一年生枝条上，强修剪把花芽都修掉了，第二年春天看不到开花的景观也就不稀奇了。而红叶石楠则刚好相反，由于红叶石楠的彩叶主要是由当年萌发的新叶形成，萌芽前进行一次修剪可以使新梢萌发整齐，使得整个树冠的都能被红叶所覆盖，景观效果自然也就很好。因此，在修剪整型中要根据不同种类萌芽和彩叶形成的特点，合理地确定修剪的时间和修剪的强度，尽量提高彩叶景观的观赏效果，延长彩叶观赏的时间，维持彩叶景观的稳定，同时避免病害的严重发生。

整形修剪要根据不同树种的特点和苗木培养的目标合理地运用平茬、绑扎、修剪等技术手段进行苗木抚育，使之形成良好的分枝结构，为苗木的生长特别是树冠的持续发育奠定基础。修剪整形的时间应该选择在生长季节进行，以利于剪口的快速愈合，尽量不要在冬季进行修剪，以避免剪口因长期暴露而受到病菌侵染。城市绿化中很多树干上常出现腐洞就是修剪不合理造成的结果。

五、病虫防治

1. 常见的虫害

根据昆虫的取食部位和危害的原因，彩叶植物的虫害可以分为三类，第一类是食叶害虫，食叶害虫直接造成植物叶片的破损，严重影响彩叶景观的效果，主要种类有刺蛾类、螨类、盲蝽类、金龟子类等。第二类是蛀干害虫破坏树皮和木质部，发生时症状比较隐蔽，对树木的毁灭性更大，主要种类有天牛类、蠹蛾类、吉丁虫等。第三类是有些昆虫可以诱发其他病害的发生，如蚜虫的排泄物常常诱发煤污病。

2. 常见的病害

病害对彩叶植物的危害也很严重，轻微的可以造成局部失绿，严重的还会造成叶片的大量萎蔫和脱落。根据植物病原的不同，植物病害可以分为真菌性病害、细菌性病害和病毒性病害三类。我国长江以南地区多具有典型的梅雨季节，高温高湿很容易造成病害的发生。由于植物的叶片含水量较高，很容易受到真菌类病害的危害，很多种类都有叶斑病、霜霉病、叶腐病等，特别是一些草本的彩叶植物更容易发生。

3. 病虫的防治策略

由于彩叶植物种类众多，不同种类病虫害的发生情况有很大差异，需要针对具体种类制定有效的防治策略。槭树科中的很多种类都是著名的彩叶植物，病虫害在其原产地的发生一般并不严重，引种到新的地区后，由于天敌的缺失，很容易造成虫害的大量发生。红花槭是近年来从北美地区引进的著名彩叶植物，在上海地区彩叶效果的表现非常突出，是少有的能够在我国江南地区稳定变红的种类之一，但是，引种到上海后很快就发现蛀干害虫的危害比较突出，危害最大的星天牛防治策略：首先清除苗圃周边的柳树、美洲朴和皂荚等易招引天牛的植物，以降低圃地周边的虫源密度，然后开辟出一个角落种植天牛喜食的植物作为诱饵树，对天牛进行集中诱杀，并且在天牛交配产卵的季节辅以药物防治和人工捕杀，很快控制住了天牛的危害，为槭树类在上海的推广奠定了良好的基础。

星天牛幼虫

星天牛危害的症状

星天牛对树冠的毁灭性破坏

北美枫香溃疡病

槭树煤污病

第四章

春色叶类乔灌木

'金边'鹅掌楸
Liriodendron tulipifera 'Aureo-marginatum'
木兰科鹅掌楸属

形态特征　落叶乔木，树冠圆锥形或长椭圆形，高可达15～20m。单叶互生，状如马褂，长8～15cm，顶端截形，两侧有1～2浅裂，偶有3～4裂。春季嫩叶边缘有金黄色不规则条纹。

分布习性　国外引进园艺品种，我国黄河流域以南地区均可栽培。喜阳光充足、温暖湿润环境；适生于酸性至中性沙壤土，忌黏重积水土壤。

园林应用　春叶斑色类彩叶植物。冠大荫浓，主干通直，树形端正，叶形奇特，叶色亮丽，花冠色泽淡雅。可孤植于庭院或草地作为主景，也可列植于小型道路两侧作行道树。

1. '金边'鹅掌楸的叶形叶色
2. '金边'鹅掌楸路边点缀

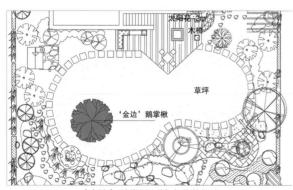

'金边'鹅掌楸孤植庭院草坪上

'金叶'榕
Ficus microcarpa 'Aurea'
桑科榕属

形态特征　常绿乔木或大灌木，株高10～15m。单叶互生，椭圆形至倒卵形，长4～6cm，先端钝尖，基部楔形，具全缘。新叶金黄色，成叶黄绿色。

分布习性　原种产中国、东南亚和澳大利亚，我国南方地区常见栽培。喜光，喜温暖湿润气候，不耐寒，喜酸性肥沃土壤。萌蘖力强，生长快，耐修剪。

园林应用　为春叶单色类彩叶植物。枝叶浓密，叶色亮丽。可列植修剪成绿篱，也可修剪成球形或其他型，还可作乔木栽培。

1
2

1. '金叶'榕球状造型
2. '金叶'榕修剪成绿篱

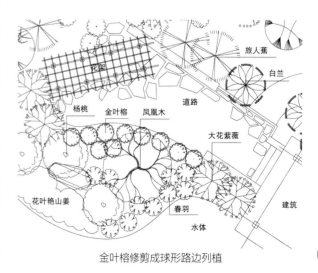

金叶榕修剪成球形路边列植

'彩叶'杞柳
Salix integra 'Hakuro Nishki'
杨柳科柳属

形态特征　落叶灌木，株高可达2～3m。单叶对生或近对生，徒长枝上轮生，披针形至狭椭圆形，长5～7cm，先端渐尖，基部圆形，缘有细锯齿。新叶具乳白和粉红色斑，成叶转绿色，有黄色斑块。

分布习性　原产中国、俄罗斯和朝鲜。本种为引进园艺品种，我国黄河流域以南有栽培。喜光，耐寒，耐水湿，不耐炎热，夏季炎热地区有叶灼现象。生长势强，耐修剪。

园林应用　为春叶斑色类彩叶植物。'彩叶'杞柳株形饱满，叶色变化富有层次，具有极高的观赏价值。园林中常修剪成球形点缀于路边或花境中，利用其耐水湿能力强的特点，可配置于水边，也可作河岸护坡，还可以培养成小乔木孤植于草坪、花坛，对植于建筑入口，列植于道路两侧。

	2
	3
1	4

1. '彩叶'杞柳球状造型
2. '彩叶'杞柳叶色
3. '彩叶'杞柳点缀水边
4. '彩叶'杞柳丛植景观

山茶
'花叶'蔓长春花
桂花
茶梅
'彩叶'杞柳
垂丝海棠
'彩叶'杞柳
芭蕉
'金脉'美人蕉
'红罗宾'石楠

'彩叶'杞柳水边丛植

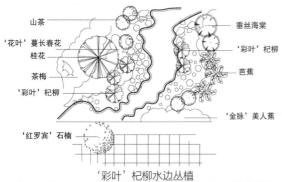

'紫叶' 桃
Prunus persica 'Atropurpurea'
蔷薇科李属

形态特征 落叶小乔木，株高可达3～5m。树皮灰褐色，小枝红褐色。单叶互生，卵圆状披针形，长10～15cm。春季新叶紫红色，成叶暗绿色。花单瓣，粉红色，花期4～5月。

分布习性 原种产中国，本种为国外引进园艺品种，我国华北、华东、华中及辽宁南部地区广泛栽培。喜光，耐旱，较耐寒，喜排水良好的土壤，忌积水，淹水3～4天就会落叶，甚至死亡。

园林应用 为春叶单色类彩叶植物。春叶红艳，花也美丽，为花叶兼赏优良品种。可孤植于草坪、林缘、庭前、窗外，也可点缀于曲径、游步道旁，别具清新秀丽的格调，也可丛植或群植形成人的树丛，充当绿化景观的焦点。

1	
2	
3	4

1. '紫叶' 桃点缀草坪
2. '紫叶' 桃丛植景观
3. '紫叶' 桃的花
4. '紫叶' 桃的叶

'紫叶'风箱果

Physocarpus opulifolius 'Diabolo'

蔷薇科风箱果属

形态特征 落叶灌木，株高1～2m。单叶互生，三角状卵形至广卵形，长3～6cm,基部楔形，缘有锯齿。春季新叶暗紫红色，叶片长成后逐渐转变为墨绿色。顶生伞形总状花序，白色，花期5月中下旬，蓇葖果膨大呈卵形，亮红色。

分布习性 原产于北美地区，为近年引进园艺品种，我国华北、东北、华东等地均有栽培。喜光照充足，耐寒性强，生长势强，不择土壤，耐修剪，耐粗放管理。

园林应用 春叶单色类彩叶植物。紫叶风箱果叶、花、果均有观赏价值，病虫害少，综合性状好，适合庭院观赏，可作路篱、镶嵌材料和带状花坛背衬，也可修剪成球等，点缀于绿地。

其他品种

'金叶'风箱果'Darts Gold'，叶片生长期金黄色，落叶前黄绿色。光照充足条件下叶片颜色金黄，而弱光或荫蔽环境中则呈绿色。

1	4	5
2		
3	6	

1. '紫叶'风箱果的果实
2. '紫叶'风箱果丛植景观
3. '紫叶'风箱果孤植于路边
4. '紫叶'风箱果的花
5. '紫叶'风箱果的叶
6. '金叶'风箱果丛植景观

'红罗宾'石楠
Photinia 'Red Robin'
蔷薇科石楠属

形态特征 常绿灌木。高3～5m，多分枝，株型紧凑。叶互生，革质，椭圆形至椭圆状倒卵形，长5～10cm，叶缘有细锯齿。春季新叶红色，夏季转绿，秋季可再次萌发红色新叶。花白色，成复伞花序。花期4～5月。

分布习性 为国外引进园艺品种，我国浙江、上海、江苏等地普遍栽培。喜光照充足，稍耐阴，耐低温，耐土壤瘠薄，有一定的耐盐碱和耐干旱能力。树势强健，生长较快，萌芽性强，耐修剪。

园林应用 春叶单色类彩叶植物。植株繁茂，春叶红艳。适合作大面积色块或模纹种植，也可作矮绿篱或高树篱，还可以修剪整形为球形或小乔木状。可广泛应用于公园、居住区、厂区绿地、街道或公路绿化。

	2	5	6
	3	7	
1	4		

1. '红罗宾'石楠的新叶
2. '红罗宾'石楠夏季叶片
3. '红罗宾'石楠修剪成球形路边点缀
4. '红罗宾'石楠路边布置
5. '红罗宾'石楠草坪上 孤植
6. '红罗宾'石楠修剪成绿篱
7. '红罗宾'石楠做色块应用

山麻杆
Alchornea davidii
大戟科山麻杆属

形态特征 落叶灌木，高可达3m。单叶互生，圆形至广卵形，长10～15cm，基部心形，缘有粗齿，背面有茸毛。春季新叶呈现为明亮的紫红色，长成后变为暗绿色，秋叶又可转为橙黄或红色。

分布习性 主产长江流域，我国长江以南地区均可栽培。喜阳光充足、温暖湿润环境；具有较强耐寒性；适生于酸性至中性土壤。

园林应用 春叶单色类彩叶植物。展叶初期叶色艳丽，叶形优美，簇簇点缀枝头。既可孤植于庭园、墙角，亦可丛植于路旁、池畔，还可群植于林缘或河道边。

1	2
3	
4	

1. 山麻杆的新叶
2. 山麻杆的叶
3. 山麻杆水边丛植
4. 山麻杆与桃花、垂柳配置的景观

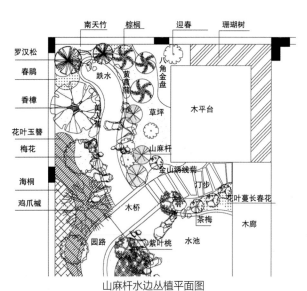

山麻杆水边丛植平面图

'红叶'椿
Ailanthus altissima 'Hongye'
苦木科臭椿属

形态特征 落叶乔木，高15～20m，树冠开展。奇数羽状复叶，小叶13～15，卵状披针形，长7～12cm。春季新叶呈紫红色，红叶期可持续到5月，6月以后逐渐变为暗绿色。

分布习性 为近年国内选育的新品种，我国辽宁南部及华北、西北至长江流域均可栽培。适应性强，喜光，较耐寒，耐干旱，耐瘠薄，耐盐碱，抗烟尘，不耐水湿。树势强健，生长快。

园林应用 春叶单色类彩叶植物。冠大荫浓，主干通直，春叶红艳。孤植、丛植、列植、群植均可，宜作庭荫树、行道树及工矿区绿化树种。

1	
2	
3	4

1. '红叶'椿的新叶
2. '红叶'椿丛植景观
3. '红叶'椿群植景观
4. '红叶'椿的老叶

'金叶'梓树
Catalpa bignonioides 'Aurea'
紫葳科梓树属

形态特征 落叶乔木，高可达15～20m。树冠开展。叶对生或3叶轮生，广卵形，长15～25cm，基部心形，先端极尖，有时具2裂。新叶为金黄色，夏季叶黄绿色。圆锥花序顶生，长20～30cm，花期6月中旬。花冠白色，内具2条黄色条纹及紫褐色斑点。

分布习性 为北美地区引进的园艺品种，我国东北、华北和华东等地均可栽培。适应性强，生长快，树势强健。喜光照充足，耐寒、耐旱，要求排水良好的土壤。

园林应用 春叶单色类彩叶植物。冠大荫浓，花叶美丽，是优良的观叶、观花树种。可孤植、丛植或列植观赏，宜作庭荫树和行道树。

其他品种

'紫叶'梓树'Purpurea'，与'金叶'梓树'Aurea'的区别为新叶为黑紫色。

1	4	5
2		
3	6	7

1. '金叶'梓树的新叶
2. '金叶'梓树的群植景观
3. '金叶'梓树与其他植物配置景观
4. '金叶'梓树的花
5. '金叶'梓树的新叶
6. '紫叶'梓树夏季叶黄绿色
7. 盛花期的'紫叶'梓树

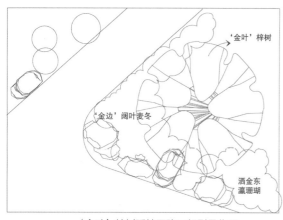

'金叶'梓树孤植于路口起引导作用

'金边'接骨木

Sambucus canadensis 'Aureo-marginata'

忍冬科接骨木属

形态特征 落叶灌木，高1.5～3m。树形开展，长枝呈拱形。羽状复叶对生，小叶5～7枚，卵形至椭圆形，长4～7cm，缘有尖锯齿，先端渐尖。春季新叶边缘金黄色，成熟叶转为黄绿色。花白色，顶生的聚伞花序，花期5～6月。

分布习性 为国外引进园艺品种，我国华北、华东地区有栽培。性强健，喜光、耐寒、耐旱、耐修剪，对土壤要求不严。

园林应用 春叶斑色类彩叶植物。枝叶繁茂，春季新叶黄绿交错，白花满树，是花叶兼赏的优良灌木。宜孤植或丛植于草坪、林缘或水池边，也可栽于墙垣作背景材料。

其他品种

'银边'接骨木 'Agengteo-marginata'，与前种区别为叶片边缘为银白色。

'金叶'接骨木 'Aurea'，新叶为金黄色，成叶颜色变淡。

1	4	6
2		7
3	5	8

1. '金边'接骨木的叶
2. '金边'接骨木配置在路边的景观
3. 盛开时的'金边'接骨木
4. '银边'接骨木的花
5. '银边'接骨木丛植景观
6. '金叶'接骨木丛植景观
7. '金叶'接骨木花期
8. '金叶'接骨木花序与枝叶

'金森'女贞

Ligustrum japonicum 'Howardii'

木犀科女贞属

形态特征 常绿灌木，植株高在2.4～3m，冠幅可达1.8～2.4m。单叶对生，卵形至卵状椭圆形，长6～8cm，宽4～5cm，春季新叶黄绿色，部分新叶中脉两侧或一侧有浅绿色斑块。圆锥状花序，白色，花期6～7月。

分布习性 原种产于日本及中国台湾，本种为引进园艺品种，河南、浙江、上海等地有栽培。喜光，稍耐阴，耐旱，耐寒，对土壤要求不严。生长迅速，根系发达，耐修剪，萌芽力强。

园林应用 春叶斑色类彩叶植物。植株强健，春叶呈明亮的黄绿色，观赏性状优异。长势强健，可作道路、建筑或屋顶绿化的基础栽植，软化硬质景观；叶色艳丽，植株繁茂，可应用于重要地段的草坪、花坛和广场，与其他彩叶植物配置，修剪整形成各种模纹图案。

1
2
3

1. '金森'女贞的新叶
2. '金森'女贞的花
3. '金森'女贞的绿篱景观

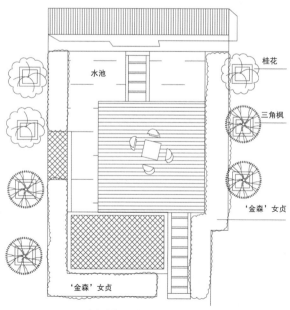

'金森'女贞做绿篱围合空间

白 杆

Picea meyeri

松科云杉属

形态特征 常绿乔木，高达30m。树冠狭圆锥形。针叶长1～3cm，横切面菱形，先端微钝，常年粉绿色。

分布习性 产河北、山西及内蒙古等地高山地区，我国华北地区有栽培。喜光，幼时耐阴，喜冷凉湿润气候，耐寒。喜深厚、肥沃、排水良好的土壤。生长较慢。

园林应用 为常叶单色类彩叶植物。树形规整，枝叶茂密，叶色常年灰白醒目。孤植、对植、丛植皆适合，常配置于草地边缘、道路两侧或建筑入口两侧，也可与其他圆球形、平展形树种配植，形成强烈对比。

	2
	3
1	4

1. 白杆的叶
2. 白杆丛植景观
3. 白杆配植在花境中的景观
4. 白杆草坪上孤植

'金线'柏

Chamaecyparis pisifera 'Filifera Aurea'

柏科扁柏属

形态特征 常绿乔木，原种株高可达40～50m，本种常作灌木栽植。树冠塔形，枝条平展下垂。鳞叶尖锐，终年呈金黄色。

分布习性 原种产日本，本种为引进园艺品种，上海、杭州、南京等地有栽培。喜光，稍耐阴，喜温暖湿润气候，稍耐寒，喜深厚肥沃土壤。

园林应用 为常叶单色类彩叶植物。株形蓬松，枝条柔软下垂，叶色周年金黄色。可孤植于花境、林缘或草坪边缘，也可列植修剪成绿篱，还可片植修剪成色块。

1
2
3

1. '金线'柏的叶
2. '金线'柏片植形成色块
3. '金线'柏应用于花境

‘蓝冰’柏
Cupressus glabra 'Blue Ice'
柏科柏木属

形态特征 常绿乔木，株高可达8～10m。树冠锥形，枝条略带红色，鳞叶对生，长约2mm，终年呈霜蓝色。

分布习性 原种产美国，本种为近年引进园艺品种，上海地区有栽培。喜光，耐热，也耐寒（能耐-25℃），耐旱，耐盐碱，抗性强。生长快，耐修剪。

园林应用 为常叶单色类彩叶植物。株形规整，叶色周年醒目。适合丛植或对植观赏，也可列植修剪成彩叶高树篱，还可片植修剪成色块。

1
2
3

1. ‘蓝冰’柏的叶
2. ‘蓝冰’柏丛植景观
3. ‘蓝冰’柏与其他针叶树的配置

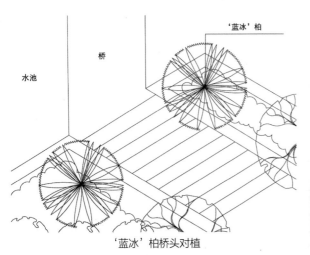

‘蓝冰’柏桥头对植

红花檵木
Loropetalum chinense var. *rubrum*
金缕梅科檵木属

形态特征 常绿灌木，株高可达3～4m。单叶互生，卵形或椭圆形，长3～4cm，先端短尖，基部不对称，全缘。新叶暗紫红色，成叶叶色暗紫。短穗状花序，紫红色，簇生于枝顶，花瓣带状线形。花期4～5月。

分布习性 产于湖南，长江中下游及以南地区可广泛栽培。喜光，稍耐阴，耐旱。喜肥沃、湿润的酸性土壤。长势旺盛，萌芽力强，耐修剪。

园林应用 为常叶单色类彩叶植物。枝叶茂密，叶色暗红，花鲜艳漂亮，是南方地区常用的彩叶树种。常列植整形修剪成绿篱或色块，与金叶女贞、杜鹃、'金边'大叶黄杨等搭配，通过叶色反差形成色彩对比。也可修剪成球形或其他造型，孤植于重要位置或视线的集中点，如入口的附近，庭院或草坪中，独立成景。

1	
2	
3	4

1. 修剪的红花檵木做绿篱
2. 球形的红花檵木点缀草坪
3. 红花檵木做色块
4. 红花檵木的叶

'紫叶'小檗
Berberis thunbergii 'Atropurpurea'
小檗科小檗属

形态特征 落叶灌木，株高可达1.5~2m。单叶互生或簇生，长枝上互生，短枝上簇生，倒卵形，长1~2cm，全缘，叶下部有1~3刺。新叶深紫色或红色，背色稍淡。花黄色，下垂，花瓣边缘有红色晕纹。花期4月。果熟期9~10月，浆果红色椭圆形，成熟后艳红美丽。

分布习性 原种产日本，本种为引进园艺品种，我国东北南部、华北、华东等大部分地区有栽培。适应性强，喜凉爽湿润环境，耐寒、耐干旱、耐半阴（长期遮阴叶色会变绿）。忌积水，对土壤要求不严，在肥沃、排水良好的沙壤土和凉爽环境中生长最好。生长速度较快，萌芽力强，耐修剪。

园林应用 常叶单色类彩叶植物。叶色可常年保持紫红色，枝条、花、果也具有极高的观赏价值。株型紧凑，萌蘖力强，耐修剪，常用于草坪中与'金叶'女贞、黄杨、冬青等常绿树种配置形成模纹图案，也可用于道路、广场中形成彩叶绿篱，还可孤植或丛植用于花坛、花境。

其他品种

'金叶'小檗 'Aurea'，新叶金黄色，入夏后叶色稍变淡。伞形花序簇生，淡黄色小花下垂。适应性较紫叶品种差，南方地区容易出现灼伤和叶斑病。

1	4	5
2	6	
3		

1.'紫叶'小檗形成的模纹图案
2.'紫叶'小檗丛植景观
3.'金叶'小檗路边装饰
4.'紫叶'小檗的枝条
5.'金叶'小檗的枝条
6.'紫叶'小檗修剪成半球形装饰草坪

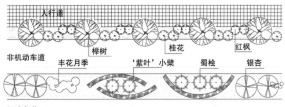

'紫叶'小檗用于道路分车带绿化

'金叶'榆

Ulmus pumila 'Jinye'

榆科榆属

形态特征 落叶乔木，株高可达6～8m。单叶互生，卵状椭圆形，长4～8cm，先端渐尖，基部楔形，缘具重锯齿。新叶金黄色，成叶颜色稍淡。

分布习性 原种产中国东北至华东、华中地区，本种为近年国内选育园艺品种。喜光，耐寒，耐旱，不耐水湿，对土壤要求不严，稍耐盐碱。萌蘖力强，生长快。

园林应用 为常叶单色类彩叶植物。枝叶浓密，树冠丰满，叶色鲜艳。可作为主景树孤植于草坪或庭园观赏，也可与其他叶色较深的常绿树种配置，丰富春夏叶色，还可作为花境的背景树种。

其他品种

'金叶垂枝'榆 'Jinye Chuizhi'，叶形、叶色同'金叶'榆，仅枝条下垂，为垂枝芽变品种。

	2
1	3
	4

1. '金叶'榆的叶
2. '金叶'榆鲜艳的叶色在树丛中引人注目
3. '金叶'榆草坪上丛植景观
4. '金叶垂枝'榆景观

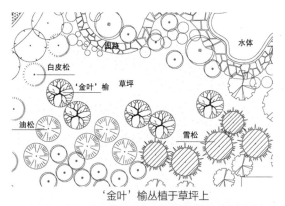

'金叶'榆丛植于草坪上

'花叶'榔榆
Ulmus parvifolia 'Variegata'
榆科榆属

形态特征 落叶乔木，株高可达6～10m。单叶互生，卵状椭圆形至狭倒卵形，长2～3cm,先端尖，基部歪斜，缘具钝锯齿。叶片上乳白色与绿色斑块相间，成叶绿色斑块增多。

分布习性 原种产华北至华东，日本、朝鲜有分布，本种为我国台湾引进园艺品种。喜光，喜温暖湿润气候，稍耐寒，耐旱，耐瘠薄，对土壤要求不严。萌蘖力强，生长较慢。

园林应用 为常叶斑色类彩叶植物。枝叶浓密，树冠舒展，叶色华丽。可作为主景树孤植于草坪边缘或小庭园观赏，也可作为下木与其他高大乔木配植，丰富树丛叶色和景观层次。

1
2

1. '花叶'榔榆的叶
2. '花叶'榔榆用于居住区绿化

'紫叶'水青冈
Fagus sylvatica 'Purpurea'
壳斗科水青冈属

形态特征 落叶乔木，株高可达20～30m。单叶互生，卵形，长8～10cm,先端尖，基部圆形或广楔形，缘有尖齿。幼叶为紫红色，成叶为暗紫色。

分布习性 原种产欧洲，本种为园艺品种。喜光照，喜冷凉湿润气候，不耐热，耐寒性强，喜酸性肥沃土壤。

园林应用 为常叶单色类彩叶植物。株型圆整，枝叶浓密，体量巨大，叶色浓艳醒目。常孤植于草坪作主景树观赏，也可孤植于庭院中央作为庭荫树。

1
2

1. '紫叶'水青冈美化建筑周边环境
2. '紫叶'水青冈孤植于草坪做主景

'花叶'叶子花

Bougainvillea glabra 'Variegata'

紫茉莉科叶子花属

形态特征 常绿攀援灌木，长可达4～6m。单叶互生，卵状椭圆形，长6～8cm,先端渐尖，基部楔形，全缘。叶片边缘有不规则黄色斑块，有时全叶黄色。花紫红色，花期3～12月。

分布习性 原种产巴西，本种为引进园艺品种，我国南方地区可露地栽培。喜光，喜温暖湿润气候，不耐寒，对土壤要求不严。

园林应用 为常叶斑色类彩叶植物。枝叶浓密，叶色鲜艳，黄绿交错，花色艳丽，花期长。可作棚架绿化或墙面绿化的材料，也可整形修剪为小乔木状，还可盆栽观赏。

1	
2	
3	4

1. '花叶'叶子花修剪成球形盆栽观赏
2. '花叶'叶子花用于棚架绿化
3. '花叶'叶子花整形为乔木状
4. '花叶'叶子花的叶

狗枣猕猴桃
Actinidia kolomikta
猕猴桃科猕猴桃属

形态特征 落叶灌木，长达4～6m。单叶互生，卵形至卵状椭圆形，长8～12cm,先端尖，基部心形，缘具重锯齿。雄株叶上半部或先端常变为白色或粉红色。花白色，芳香，花期5～6月。

分布习性 原产中国，俄罗斯、日本、朝鲜也有分布，我国东北至长江流域均可种植。喜光照，耐寒性强，喜酸性肥沃土壤。

园林应用 为常叶斑色类彩叶植物。枝叶婆娑，叶色艳丽，花、叶、果均具观赏价值。园林中常作为垂直绿化材料，可用于棚架绿化。

1
2

1. 狗枣猕猴桃的叶
2. 狗枣猕猴桃用于棚架绿化

'花叶'海桐

Pittosporum tobira 'Variegata'
海桐科海桐属

形态特征 常绿灌木，株高可达5～6m。小枝近轮生。单叶互生，革质有光泽，长倒卵形，长5～12cm，先端钝圆，基部楔形，全缘反卷。叶边缘有白边，有时叶面也有不规则白斑。花白色，芳香，花期5月。蒴果卵形，种子红色，果期10月。

分布习性 原种产我国，本种为园艺品种，长江流域及以南地区可栽培。喜光，较耐阴，喜温暖湿润气候，不耐寒，抗海潮风和二氧化碳等有害气体能力强。

园林应用 为常叶斑色类彩叶植物。枝叶繁密，叶色绿白交错，生长较快，常作整形栽培。可修剪整形成球形孤植或列植于庭院、道路两侧，丛植于草坪边缘，点缀于花境中。根据其耐阴能力强的特点，还可作为下木配置于高大乔木之下，群植于林缘、道路边及建筑旁。

1
2

1. '花叶'海桐的叶和花
2. '花叶'海桐丛植景观

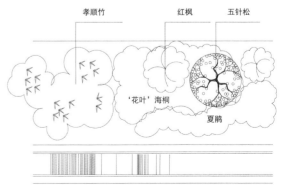

'花叶'海桐作为下木配置在乔木下

'花叶'八仙花
Hydrangea macrophylla 'Maculata'
八仙花科八仙花属

形态特征 落叶灌木，株高达1～1.5m。单叶对生，倒卵形至椭圆形，长8～12cm,先端尖，基部圆形至广楔形，缘有粗锯齿。叶片边缘有白色斑块，成叶稍淡。伞房花序顶生，近扁平形，浅蓝色。

分布习性 我国长江流域广泛栽培。喜半阴，不耐晒，喜温暖、湿润气候，不耐寒，喜酸性肥沃土壤。萌蘖力强，常作宿根栽培。

园林应用 为常叶斑色类彩叶植物。叶形优美，花大色艳，为花叶兼赏优良品种。常配植于花坛、墙角或高大庭荫树下，也可配植于花境中，还可丛植于林缘或草坪边缘。修剪时应注意，花芽形成于2年生枝条上，不可强剪，否则不开花。

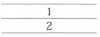

1. '花叶'八仙花的叶
2. '花叶'八仙花美化建筑

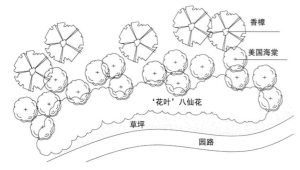

'花叶'八仙花丛植于林缘

'美人'梅
Prunus 'Meirenmei'
蔷薇科李属

形态特征 落叶小乔木，株高3～4m。单叶互生，叶卵形至椭圆状卵形，长5～8cm,先端渐尖，基部楔形至圆形，缘有齿。新叶紫红色，成熟叶紫绿色。花深粉红色，重瓣，花期4～5月。

分布习性 欧洲育成的杂交品种，我国河北、北京、大连、沈阳、上海等地有栽培。喜光，喜温暖气候，较耐寒，不耐涝，耐干旱瘠薄。

园林应用 为常叶单色类彩叶植物。为花叶兼赏的优良木本树种，春季先花后叶，满树深粉红色繁花，花后生出亮紫色叶片，可常年观赏。可孤植、丛植布置庭院中、建筑旁、路边、假山置石旁，也可群植开辟专类园、梅溪等景观。

	1
	2
	3

1. '美人'梅的叶
2. '美人'梅的花
3. '美人'梅草坪上的丛植

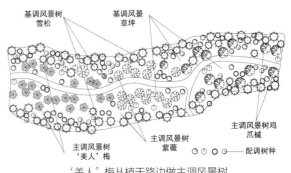

'美人'梅丛植于路边做主调风景树

紫叶矮樱
Prunus×cistena
蔷薇科李属

形态特征 落叶灌木或小乔木,株高2~2.5m。枝条幼时紫褐色,老枝有皮孔。单叶互生,长卵形或卵状长椭圆形,长5~8cm,缘有细钝齿。新叶亮紫红色,成熟叶变为紫色或深紫红色,叶背面紫红色更深。花单生,单瓣,淡粉红色,微香,花期4~5月。

分布习性 为紫叶李和矮樱杂交种,由美国引种。我国北京、辽宁、吉林、山东等地有栽培。喜光,耐寒,稍耐阴,对土壤要求不严格,但在肥沃深厚、排水良好的中性至微酸性土壤上生长最好。

园林应用 为常叶单色类彩叶植物。该品种为花叶兼赏的优良植物,花容清丽,叶色鲜艳,株型圆整,既可孤植观赏,也可丛植观赏。园林中常孤植于花坛、庭院或草坪中,也可用于花境中丰富季相叶色,还可以群植作整形修剪成彩篱。

	2	1. 紫叶矮樱的花
	3	2. 紫叶矮樱用于道路分车带绿化
1	4	3. 紫叶矮樱丰富树丛的层次和色彩
		4. 紫叶矮樱的叶和果

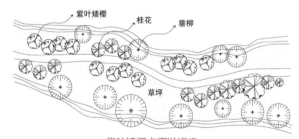

紫叶矮樱点缀游道旁

'紫叶'李

Prunus cerasifera 'Atropurpurea'
蔷薇科李属

形态特征 落叶小乔木，株高可达6～8m。单叶互生，卵形至倒卵形，长3～4.5cm，宽2～4cm，先端尖，基部圆形或楔形，缘有重锯齿。新叶紫红色，成叶暗紫红色。花单生，单瓣，浅粉红色，花期4月。果紫红色，果径1.5～2cm，果期7～8月。

分布习性 原产亚洲西南部，我国华北及以南地区广为种植。喜光，喜温暖湿润气候；不耐干旱，较耐水湿；对土壤适应性强，但在肥沃、深厚、排水良好的中性、酸性土壤中生长良好。根系较浅，萌生力较强。

园林应用 为常叶单色类彩叶植物。紫叶李是花叶兼赏的优良彩叶树种，春季繁花似锦，花后长出紫红色新叶，成叶在整个生长季节都可保持鲜艳的紫红色，并且生长适应能力强，耐修剪。可孤植于草坪上或花坛中，独立成景，也可列植于园路、公路两侧及建筑物四周，起到花廊和色带的景观效果。

1	
2	
3	4

1. '紫叶'李植于路边起引导视线作用
2. '紫叶'李草坪上孤植
3. '紫叶'李的果
4. '紫叶'李的叶

'紫叶'稠李
Prunus virginiana 'Canada Red'
蔷薇科李属

形态特征 落叶小乔木，株高可达5～7m。单叶互生，卵形至倒卵形，长8～14m，宽4～6cm，先端尾尖，基部楔形，缘有锯齿。新叶绿褐色，成叶紫黑色。总状花序下垂，白色，花期4～5月。

分布习性 原产北美地区，我国北京、辽宁有栽培。喜光，耐寒，不耐干旱，对土壤适应性强，但在肥沃、排水良好的酸性土壤中生长良好。

园林应用 为常叶单色类彩叶植物。主干通直，枝叶浓密，株型丰满，生长季节叶色可周年保持紫黑色，可孤植于面积较小的草坪上观赏，也可丛植于开阔草坪上，还可对植于建筑入口或列植于道路两侧。

	2
	3
1	4

1. '紫叶'稠李的叶
2. '紫叶'稠李的果
3. '紫叶'稠李草坪上列植
4. '紫叶'稠李路边丛植

美国海棠
Malus spp.
蔷薇科苹果属

形态特征 落叶乔木，株高可达5～8m。单叶互生，卵形至椭圆形，长3～6cm,先端急尖，基部圆形，缘具齿。新叶紫红色，成叶叶色变为暗绿色；伞形花序，白色、粉色或紫红色；果色酱紫、红、黄。

分布习性 北美地区引进杂交品种，北京、山东、上海广泛栽培。喜光，不耐阴，耐寒，对土壤要求不严。生长快，南方地区有天牛危害。

园林应用 为常叶单色类彩叶植物。植株繁茂，叶色浓艳，开花繁茂，果实累累，果色鲜艳，花、叶、果俱佳。可孤植或丛植于草坪上观赏，也可列植于道路两侧或较宽的分车带内观赏。

1	
2	
3	4

1. 美国海棠草坪上丛植
2. 盛开时的美国海棠
3. 美国海棠的叶
4. 美国海棠的果

'金焰'绣线菊
Spiraea bumalda 'Gold Flame'
蔷薇科绣线菊属

形态特征 落叶灌木，株高0.4～0.6m，冠幅0.7～0.8m。单叶互生，叶卵形至卵状椭圆形，长3～5cm，基部楔形，缘具齿，背面具茸毛。新叶金黄色，新梢顶端幼叶红色，夏季转为绿色，秋叶变红。花粉红色，花期6～7月。

分布习性 为北美地区引进园艺品种，我国东北、华北和华东等地均可栽培。喜光，稍耐阴，极耐寒，耐旱，在肥沃土壤中生长旺盛，耐修剪，栽培地点应排水良好。

园林应用 常叶单色类彩叶植物。植株低矮，枝叶繁密，株型规整。春季新叶色彩艳丽、层次丰富，秋冬季红叶也具有较高的观赏价值；花期长，花量大，是花叶俱佳的小型灌木。可孤植、丛植或群植观赏，适宜于花坛、花境、草坪、池畔、道旁、林缘等，也可做彩叶绿篱。

其他品种

'金山'绣线菊 'Gold Mound'，与'金焰'绣线菊的区别为新梢顶叶不具红色，夏季全部转为黄绿色。

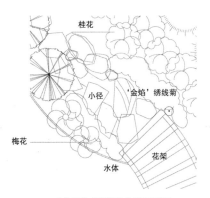

'金焰'绣线菊丛植于路边

1	4	5
2	6	
3		

1. '金焰'绣线菊丛植景观
2. '金焰'绣线菊的新叶
3. '金山'绣线菊的花
4. '金山'绣线菊的叶
5. '金山'绣线菊秋季的景观
6. '金山'绣线菊草坪上模纹图案

'小丑'火棘
Pyracantha fortuneana 'Harieguin'
蔷薇科火棘属

形态特征 常绿灌木，株高可达2～3m。单叶互生，倒卵状至长椭圆形，长1.5～2cm，先端圆形或微凹，基部楔形，缘具疏钝齿。叶边缘乳白色或乳黄色，入秋经霜冻后转为砖红色。花白色，花期4～5月。

分布习性 原种产中国，本种为国外引种园艺品种，我国上海和浙江地区有栽培。喜光，不耐寒，对土壤要求不严。生长快，萌蘖力强，耐修剪。

园林应用 为常叶斑色类彩叶植物。枝叶繁茂，叶色绿白相映，阳光下星星点点，甚是美观，初夏白花繁密，秋果红如火，入冬全株又可转为红色，是叶果兼赏的优良植物。园林上常修剪成球形，布置于草坪、道旁和花境中，也可列植修剪成彩叶绿篱。

1	
2	
3	

1. '小丑'火棘的叶
2. '小丑'火棘用于花境
3. '小丑'火棘与置石组景

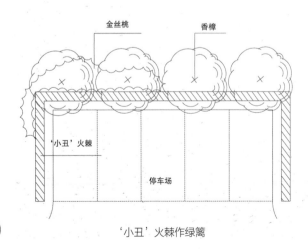

'小丑'火棘作绿篱

'金叶'皂荚
Gleditsia triacanthos 'Sunburst'
苏木科皂荚属

形态特征 落叶乔木，高9～11m，树冠开展。一至二回羽状复叶，小叶5～16对，长椭圆状披针形，2～4cm，缘具细齿。春季幼叶金黄色，夏季转为黄绿色。

分布习性 为国外引进园艺品种，我国华北、华东等地有栽培。喜光，稍耐阴，较耐寒，耐盐碱，耐干旱，喜温暖湿润气候。华东地区有天牛危害。

园林应用 常叶单色类彩叶植物。株型优美，叶色鲜艳，适合于庭园、草坪中孤植或丛植观赏；也可作第二层乔木树种与其他高大种类配置，构建出层次丰富、叶色变化的人工植物景观。

1	
2	3

1. '金叶'皂荚的叶
2. '金叶'皂荚在树丛中作第二层乔木
3. '金叶'皂荚草坪上孤植

'红叶'加拿大紫荆
Cercis canadensis 'Forest Pansy'
苏木科紫荆属

形态特征 落叶灌木，株高6～10m。单叶互生，广卵形至卵圆形，宽约8～10cm,基部心形，先端钝尖。新叶紫红色，夏季转为绿褐色，叶背为淡粉色。先花后叶，花色玫红，花期4月。

分布习性 由美国引入的园艺品种，我国北京、山东、上海等地有栽培。喜光，抗寒性较强，对土壤要求不严，喜肥沃、疏松、排水良好的土壤。南方地区有天牛危害。

园林应用 常叶单色类彩叶植物。先花后叶，开花繁茂，春叶红艳，是花叶兼赏的优良品种。可孤植用于庭院、花坛或墙角，也可对植于建筑入口，列植于道路两侧，还可丛植于草坪，群植于林缘，与深色绿化背景相映衬，观赏效果更佳。

	2	4	5
1	3		6

1. '红叶'加拿大紫荆的叶
2. '红叶'加拿大紫荆草坪上丛植
3. 盛花期时的'红叶'加拿大紫荆
4. '红叶'加拿大紫荆的花
5. 路边'红叶'加拿大紫荆丛植景观
6. '红叶'加拿大紫荆在居住区中的应用

'金叶'槐
Sophora japonica 'Chrysophylla'
蝶形花科槐属

形态特征 落叶乔木，株高可达20～25m。奇数羽状复叶互生，单叶7～17，对生或近对生，卵状椭圆形，长2～4cm，先端钝尖，基部圆形至广楔形，全缘。新叶金黄色，成叶黄绿色。

分布习性 原种产中国北部地区，日本、朝鲜也有分布，我国北方地区常见栽培。喜光，耐寒，喜湿润、肥沃、排水良好土壤，能耐轻度盐碱。

园林应用 为常叶单色类彩叶植物。主干通直，冠形圆整，枝叶浓密，叶色金黄亮丽。可作主景树孤植于庭园或草坪上观赏，也可与其他树种配植形成混交树丛，还可作为公园绿地中的行道树。

1
2
3

1. '金叶'槐的叶
2. '金叶'槐丛植景观
3. '金叶'槐在路边起引导视线作用

'金叶'刺槐
Robinia pseudoacacia 'Frisia'
蝶形花科刺槐属

形态特征 落叶乔木，高15～20m。奇数羽状复叶互生，小叶7～19，叶卵形或长圆形，长3～5cm。春季新叶为金黄色，夏季变为黄绿色；总状花序，花期初夏，白色，芳香。

分布习性 为国外引进园艺品种，我国东北、西北、华北、华东等地有栽培。喜光、耐旱、耐瘠薄，对土壤适应性强；浅根性，生长快。

园林应用 常叶单色类彩叶植物。树冠高大，主干通直，枝繁叶茂。春季叶色金黄，开花季节绿白相映，芳香宜人。可孤植、丛植或列植于庭园、草地、道路或建筑旁等；也可与其他高大乔木混植，形成叶色变化的人工植物群落。

1	1. '金叶'刺槐春季新叶
2	2. '金叶'刺槐山坡绿化
3	3. '金叶'刺槐路边列植

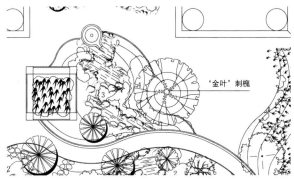

'金叶'刺槐孤植点缀庭院

'金边'胡颓子
Elaeagnus pungens 'Aureo-marginata'
胡颓子科胡颓子属

形态特征 常绿灌木，株高3～4m。小枝有锈色鳞片。单叶互生，椭圆形至卵形，长4～6cm，先端钝，基部圆形，叶缘波状，革质，有光泽。叶边缘具黄色镶边，老叶比新叶颜色更深。

分布习性 原种产我国长江中下游及其以南各地，本种为欧洲引进园艺品种，上海、浙江、江苏等地有栽培。喜光，稍耐半阴，喜温暖气候，耐干旱，也耐水湿，对土壤要求不严。耐修剪，对有害气体抗性较强，生长较慢。

园林应用 常叶斑色类彩叶植物。本种枝繁叶茂，株型丰满，叶色黄绿交错。园林中常作整形修剪成球形或其他造型，也可以点缀于花境中，丰富花境的色彩和层次，也可群植于林缘、道路及草坪边缘，形成壮观的群体景观。

其他品种

'金心'胡颓子 'Fredricii'，叶片中心叶脉两侧为金黄色，其他同前种。

	2	1.'金心'胡颓子的叶
	3	2.'金边'胡颓子的叶
1	4	3.'金边'胡颓子装饰路边
		4.'金心'胡颓子点缀草坪

'金边'埃比胡颓子
Elaeagnus 'Gilt Edge'
胡颓子科胡颓子属

形态特征 常绿灌木，株高2～3m。单叶互生，椭圆形至卵形，长8～10cm，先端钝尖，基部圆形微凹，叶缘波状，革质，有光泽。叶边缘具金黄色镶边，宽度达叶片1/2，老叶金边比新叶颜色深。

分布习性 为胡颓子与大叶胡颓子的杂交种速生胡颓子（*Elaeagnus×ebbingei*）中选育的园艺品种，从欧洲引进，上海、浙江、江苏等地有栽培。喜光，耐半阴，耐干旱，也耐水湿，耐寒，山东以南地区可栽培。对土壤要求不严，不耐修剪，生长较快。

园林应用 常叶斑色类彩叶植物。本种长势旺盛，植株繁茂，株型开展，叶色华丽。园林中常点缀于道路两侧或花境中，以丰富绿化景观的色彩，特别是在非开花季节，更能表现出其优异的观赏特性。也可孤植或丛植于林缘和草坪边缘，形成大的树丛。

1	
2	
3	4

1. '金边'埃比胡颓子草坪上丛植
2. '金边'埃比胡颓子路边点缀
3. '金边'埃比胡颓子水边布置
4. '金边'埃比胡颓子的叶

'金边'瑞香

Daphne odora 'Aureo-marginata'
瑞香科瑞香属

形态特征 常绿灌木，株高可达1.5～2m。单叶互生，长椭圆形至倒披针形，长6～8cm，先端尖，全缘，基部楔形。叶片边缘有黄色镶边，周年可保持鲜艳的色彩。花无花瓣，花萼筒状，白色，有浓香，花期3～4月。

分布习性 产中国长江流域，长江流域以南可露地栽培，北方地区常温室栽培。喜阴，喜温暖湿润气候，不耐寒，喜酸性肥沃土壤，忌积水。生长较慢。

园林应用 为常叶斑色类彩叶植物。枝叶细密，株型紧凑，叶色黄白交错，开花繁茂，花香浓烈。园林中可列植为绿篱，也可点缀于花坛、道旁、林缘，还可作为高大乔木树穴或树坛地被。

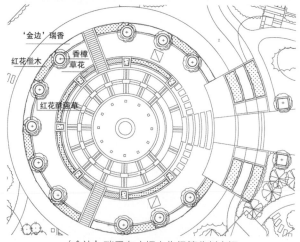

1
2

1. '金边'瑞香的叶
2. '金边'瑞香与山石造景

'金边'瑞香在广场上作绿篱分割空间

千层金
Melaleuca bracteata 'Revolution Gold'
桃金娘科白千层属

形态特征 常绿小乔木或灌木，株高可达2～3m。单叶互生，线形，长1～2cm。叶片金黄色，有香味。头状花序顶生，白色，花期夏季。

分布习性 原产澳大利亚，我国长江流域以南可露地种植。喜光照，耐寒性稍差，喜酸性肥沃土壤。

园林应用 为常叶单色类彩叶植物。枝条柔软，叶色艳丽，周年可观赏。园林中常点缀于小庭院路旁或墙角，也可孤植于草坪边缘或矮灌木丛中，丰富景观层次和叶色变化。

1
2
3

1. 千层金的叶
2. 千层金美化山石
3. 千层金点缀居住区绿地

'花叶'香桃木
Myrtus communis 'Variegata'
桃金娘科香桃木属

形态特征 常绿灌木，株高2～3m。单叶对生，卵圆形至披针形，长2.5～5 cm，先端渐尖，基部楔形，全缘，革质，有光泽。新叶边缘具金黄色镶边，成叶转为乳白色，叶片搓揉后有浓烈香味。花白色，芳香，花期6～7月。

分布习性 原种产地中海沿岸，本种为引进园艺品种，浙江、上海等地有栽培。喜光，亦耐半阴，喜温暖湿润气候，耐修剪，萌蘖力强，病虫害少，宜中性至偏碱性土壤。

园林应用 为常叶斑色类彩叶植物。枝繁叶茂，株型紧凑，全株常年黄绿交错，色彩艳丽，是优良的新优彩叶灌木。配置中可成片种植作色块、绿篱，亦可修剪成球状或其他造型，在花境中可做中景与各种形态和色系植物搭配。

1	
2	
3	

1. '花叶'香桃木的叶
2. '花叶'香桃木球状造型
3. '花叶'香桃木应用于花境

'洒金'桃叶珊瑚
Aucuba japonica 'Varigata'
山茱萸科桃叶珊瑚属

形态特征　常绿灌木，株高可达3～4m。单叶对生，椭圆形至长椭圆形，先端钝尖，基部楔形，缘具粗齿，革质，有光泽。叶片散生大小不等的黄色或淡黄色的斑点。圆聚伞花序顶生，花小，紫色。

分布习性　原产日本、朝鲜和我国南方地区，我国长江流域以南广为栽培。喜侧方庇阴，夏季阳光暴晒会引起叶片灼伤，耐阴性强。喜湿润、排水良好土壤，不耐寒，对烟尘和大气污染的抗性强。

园林应用　为常叶斑色类彩叶植物。枝叶繁密，自然株型圆整，叶色黄绿交错，星星点点，富于变化。耐阴性强，是十分优良的耐阴树种。园林中最宜成片栽植于绿地庇荫处或高大乔木下，也可修将成球形或绿篱，还可以室内盆栽观赏。

1
2
3

1. '洒金'桃叶珊瑚的叶
2. '洒金'桃叶珊瑚成片栽植于高大乔木下
3. '洒金'桃叶珊瑚球形造型

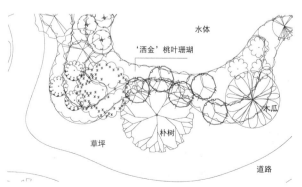

耐阴的'洒金'桃叶珊瑚群植于乔木下

'金叶'红瑞木
Cornus alba 'Aurea'
山茱萸科梾木属

形态特征 落叶灌木，株高达3m。单叶对生，卵形或椭圆形，长6～10cm。春叶呈金黄色，入夏后稍淡，入秋后叶片转为鲜红色，落叶后至春季新叶萌发时，枝干呈鲜艳的红色。顶生伞房状聚伞花序，宽3～5cm，花白色或黄色，花期5～6月。

分布习性 原种产我国东北、华北和西北地区，欧洲也有分布，本种为国外引进园艺品种，我国上海、辽宁、北京等地有栽培。耐寒性强，喜光，但容易出现叶片灼伤。浅根系，喜湿润土壤。

园林应用 常叶单色类彩叶植物。春叶呈鲜艳的亮黄色，落叶后枝干鲜红，是观叶观干的优良品种，适合布置于林缘或花境中，也可丛植于庭院、草坪、建筑物前或常绿树间。

其他品种

'金边'红瑞木 'Spaethii'，与前种区别为叶片边缘为金黄色。

1	4	5
2		
3	6	

1. '金叶'红瑞木的叶
2. '金叶'红瑞木布置于林缘
3. '金叶'红瑞木路边丛植
4. '金边'红瑞木的叶
5. '金边'红瑞木墙角丛植
6. '金叶'红瑞木路边丛植

'金边' 大叶黄杨
Euonymus japonicus 'Aureo-marginatus'
卫矛科卫矛属

形态特征　常绿灌木或小乔木，株高可达8m。单叶对生，革质光亮，倒卵状椭圆形，长3～7cm，缘有钝齿。叶片边缘金黄色，植株繁茂，周年保持较高的观赏价值。花绿白色，春末开花，聚伞花序。蒴果扁球形，粉红色。

分布习性　原种产日本南部，本种为引进园艺品种，我国北京以南地区广泛栽培。喜光，耐半阴，较耐寒，喜温暖湿润气候，喜排水良好的沙壤土或腐殖土。

园林应用　常叶斑色类彩叶植物。适应性强，长势旺盛，周年常绿，树冠叶色黄绿交错，极具观赏价值。萌蘖能力强，耐修剪，园林中常作绿篱栽培，可广泛用于道路、广场、花坛或分车带绿化，也可修剪成球形或其他造型。

其他品种

'银边'大叶黄杨 'Albo-marginatus'，幼叶片边缘具黄绿色边，成叶变为乳白色。

'金心'大叶黄杨 'Aureo-pictus'，叶中脉附近有金黄色斑块，有时叶柄及枝端也变为黄色。

1	4	5
2	6	7
3		8

1. '金边'大叶黄杨的叶
2. '银边'大叶黄杨的叶
3. '金心'大叶黄杨的叶
4. '金边'大叶黄杨球状造型
5. '金边'大叶黄杨路边布置
6. '银边'大叶黄杨作色块布置
7. '银边'大叶黄杨用于花境
8. '金心'大叶黄杨球状造型

红花檵木

'金边'大叶黄杨

珊瑚树

春鹃

花叶锦带花

金柱

时令花卉

银杏

红花檵木

春鹃

时令花卉

金边大叶黄杨和红花檵木做色块装饰广场

'金边'扶芳藤

Euonymus fortunei 'Aureomarginata'

卫矛科卫矛属

形态特征 常绿藤本，茎具不定根，可匍匐生长，也可攀援生长。单叶对生，椭圆形或椭圆状披针形，长4～6cm，先端钝尖，基部楔形，缘具钝齿。叶片边缘金黄色或浅黄色，新叶较老叶鲜艳，经霜冻后叶色更加红艳。

分布习性 原种产我国华北地区，本种为引进园艺品种，我国上海、北京等地有栽培。喜光，稍耐阴，较耐寒，对土壤要求不严。生长快，萌蘖力强，耐修剪。

园林应用 为常叶斑色类彩叶植物。叶色艳丽，周年常绿，入冬后整株变为砖红色，极具观赏价值。植株低矮，能匍匐生长，可作为林下或护坡的彩叶地被，也可攀援生长，作为立体绿化材料，也可用于花坛修剪成各种模纹色块，也可作为矮绿篱。

1
2

1. '金边'扶芳藤的叶
2. '金边'扶芳藤与置石配景

'金边'枸骨
Ilex cornuta 'O' Spring'
冬青科冬青属

形态特征 常绿灌木，株高可达3～4m。单叶互生，硬革质，有光泽，长4～7cm,缘有硬刺齿多枚。叶片边缘具不规则黄色斑块，叶边先端斑块较大，有时可达叶片1/2。

分布习性 原种产我国及朝鲜，本种为园艺品种，我国浙江和上海有栽培。喜光，不耐寒，对土壤要求不严，在微酸性肥沃土壤上生长良好。生长慢，萌蘖力强，耐修剪。

园林应用 为常叶斑色类彩叶植物。株型紧密，枝叶繁茂，叶色黄绿斑驳，周年常绿，具有极高观赏价值。常作整形式栽培，修剪成各种球形，点缀于路旁、草坪或花坛中，也可列植修剪成彩叶绿篱，还可培养成小乔木。

1
2

1. '金边'枸骨的叶
2. '金边'枸骨球状造型

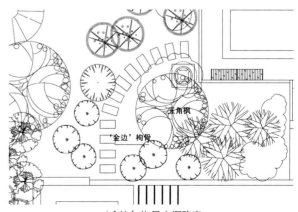

'金边'枸骨点缀路旁

'金边'阿尔塔拉冬青
Ilex altaclerensis 'Golden King'
冬青科冬青属

形态特征 常绿乔木或大灌木，株高可达12～15m。单叶互生，长椭圆形，长8～12cm，先端尖，基部近圆形，缘有硬刺齿2～4对。叶片边缘具黄色镶边，先端较基部宽。

分布习性 原种为*Ilex aquifolium*与*Ilex perado*的杂交种，本种为引进园艺品种，我国浙江和上海有栽培。喜光，不耐寒，喜欢酸性肥沃土壤。生长慢，萌蘖力强，耐修剪。

园林应用 为常叶斑色类彩叶植物。株型浓密，叶色边缘具亮黄色，黄绿相映，具有极高观赏价值。常作灌木栽培，点缀于路旁、草坪或花坛中，也可培养成乔木。

其他品种

'山茶叶'冬青 'Camelliifolia Variegata'，叶缘刺齿少，部分叶近全缘，叶缘有黄色镶边。

1	4
2	
3	5

1. '金边'阿尔塔拉的叶
2. 乔木的'金边'阿尔塔拉
3. '山茶叶'冬青的叶
4. '金边'阿尔塔拉点缀路边
5. '山茶叶'冬青用于花境中

红背桂

Excoecaria cochinchinensis

大戟科土沉香属

形态特征 常绿灌木，株高达1.5～2m。单叶对生，狭椭圆形，长8～12cm，先端尖，基部楔形，缘有锯齿。叶表面绿色，背面紫红色，新叶较老叶鲜艳。

分布习性 原产我国广东、广西及越南，我国南方广为栽培。喜温暖、湿润气候，宜阳性至半阴的生长环境，忌阳光暴晒，不耐寒，要求冬季温度不低于5℃。忌积水，要求肥沃、疏松、排水好的土壤。

园林应用 为常叶单色类彩叶植物。植株繁茂，叶形秀丽，叶面绿色，叶背紫红色，对比鲜明，每当轻风吹过，红色飘动，时隐时现，也别有一番情趣。可于建筑物旁、道路边做绿篱，在行道树下做基础种植，也可在广场上、草坪中丛植或群植，还可盆栽观赏。

1		3	4
2		5	

1. 红背桂叶的正面
2. 红背桂叶的反面
3. 红背桂路边丛植景观
4. 红背桂草坪上丛植景观
5. 红背桂绿篱

变 叶 木

Codiaeum variegatum var. *pictum*

大戟科变叶木属

形态特征 常绿灌木，株高达1.5～2m。叶形变化丰富，从椭圆形至披针形、匙形，叶片平展到扭曲，甚至中部开裂，叶长可达30cm。叶片幼时通常为绿色和红色，成叶表面夹杂各种红、黄、绿色不规则斑纹，极为鲜艳。

分布习性 原种产马来西亚，园艺品种较多，我国华南地区广泛栽培，长江流域以北地区作温室栽培。喜光照充足，也耐半阴，喜温暖、湿润气候，不耐寒，喜酸性肥沃土壤。

园林应用 为常叶斑色类彩叶植物。株形优美，叶形奇特，叶色鲜艳，色彩变化丰富。可列植于建筑物旁、道路边做绿篱，丛植于行道树或高大庭荫树下做基础种植，还可以在草坪中群植，北方地区常盆栽观赏。

	2		5	6
	3			
1	4		7	

1、4、5、6. 变叶木品种的叶
2. 变叶木与置石组景
3. 变叶木丛植景观
7. 变叶木路边作绿篱

红 枫
Acer palmatum 'Atropurpureum'
槭树科槭树属

形态特征 落叶小乔木，株高可达8～15m。单叶对生，掌状5～9裂，径5～10cm，基部截形或心形，裂片卵状披针形，先端尾尖，缘有重锯齿。新叶亮红色，成叶转变为暗紫红色，秋叶又可转为亮紫红色。

分布习性 原种产中国、朝鲜、日本，本种为引进园艺品种，我国华北、华东等地有栽培。喜光、耐半阴，忌暴晒，宜有高大树木庇荫。耐寒，不耐水涝。

园林应用 常叶单色类彩叶植物。树姿优美，叶形秀丽，叶色春、夏、秋三季均可表现出绚丽色彩，彩叶观赏期长，是一个不可多得的彩叶佳品。在园林中孤植或丛植于草地、溪边、路隅、墙垣等处，颇有自然淡雅之趣。

其他品种

'金叶'鸡爪槭 'Aureum'，新叶呈金黄色，叶缘略带红色，当年新发枝条也呈金黄色，夏季老叶转为黄绿色，新萌发叶与枝条依然为金黄色，秋季老叶转为金黄色。

'紫叶'羽毛枫 'Dissectum Atropurpureum'，叶深裂达基部，裂片又羽状细裂，叶色周年呈古铜–紫色。

'斑叶'鸡爪槭 'Versicolor'，绿叶上有白斑或粉红斑。

1	4	5
2	6	
3		

1. 红枫的叶
2. 红枫丛植于建筑前
3. 红枫丛植于古典园林中
4. 红枫丛植于水边
5. 红枫路边丛植景观
6. 红枫草坪上丛植景观

7		9	11
8		10	12
			13

7. 红枫水边孤植
8. '金叶'鸡爪槭与红枫的丛植景观
9. '金叶'鸡爪槭的叶
10. '斑叶'鸡爪槭的叶
11. '紫叶'羽毛枫的叶
12. '金叶'鸡爪槭草坪上丛植景观
13. '金叶'鸡爪槭路边丛植景观

'金叶'复叶槭

Acer negundo 'Auea'

槭树科槭树属

形态特征 落叶乔木，高可达20m。奇数羽状复叶对生，小叶3～7枚，通常7枚，卵状椭圆形至卵状披针形，基部宽楔形，具不规则粗锯齿，叶下面沿脉及脉腋有毛。嫩叶浅黄色，老叶金黄色，进入秋季叶色更深。总状花序，花无瓣，5月先叶开花。果序下垂，两翅开展成锐角，9月果熟。

分布习性 原种产北美，本种为欧洲引进园艺品种，我国东北、江浙等地均可栽培。喜光，耐庇荫，喜冷凉气候，耐寒性极强，我国新疆和哈尔滨地区均可种植。较耐干旱，耐轻盐碱、耐烟尘，生长势旺盛，年生长量可达2～3m。病虫害少，南方地区有天牛危害。

园林应用 为常叶单色类彩叶植物。'金叶'复叶槭株型丰满，树姿优美，叶色亮丽。可孤植草坪上、广场上、水边、建筑物旁等，也可丛植于常绿树、阔叶树前侧或与观花、观果的灌木配置成丛。

其他品种

'火烈鸟'复叶槭 'Flamingo'，新叶桃红至粉红，成叶具粉红色或白色斑块。

'银边'复叶槭 'Variegatum'，叶片边缘具银白色边。

'金边'复叶槭 'Aureo-marginatum'，叶片边缘具金黄色边。

1	4	7
2	5	8
3	6	9

1. '金叶'复叶槭的叶
2. '金叶'复叶槭与灌木配置成丛
3. '金叶'复叶槭路边丛植
4. '火烈鸟'复叶槭的叶
5. '金边'复叶槭的叶
6. '银边'复叶槭的叶
7. '火烈鸟'复叶槭丛植景观
8. '火烈鸟'复叶槭草坪上孤植
9. '金边'复叶槭路边丛植景观

'国王'枫
Acer platanoides 'Crimson King'
槭树科槭树属

形态特征 落叶乔木，株高20～25m。单叶对生，掌状5裂，阔8～12cm,缘有锯齿，先端尖。新叶紫红色，入夏后变暗紫色，夏季气候冷凉地区叶色可保持较长观赏期。

分布习性 原种产欧洲，本种为引进园艺品种，我国上海等地有少量栽培。喜光，耐寒，不耐热，夏季炎热地区有叶灼现象。喜酸性排水良好土壤，在肥沃湿润土壤上生长较快。

园林应用 为常叶单色类彩叶植物。冠大荫浓，主干通直，树冠丰满，叶色艳丽。最适宜于开阔草坪上孤植观赏，也可对植于建筑入口或道路两侧，还可以与其他常绿树种配置，作为绿化景观的视觉焦点，起到点景的作用，充分利用其高大体量和鲜艳的叶色打破绿化景观的单调绿色。

其他品种

'皇家红'挪威槭 'Royal Red'，春季新叶为明亮的紫红色，夏季以后叶色变暗绿色。

'红哨兵'挪威槭 'Crimson Sentry'，春季新叶为明亮的紫红色，夏季以后变紫红色，株型较国王枫紧密。

'花叶'挪威槭 'Drummondii'，整个生长季节叶片上都具有白色或黄色斑块。

1	4	5
2	6	
3		

1. '国王'枫植于路边易成视线焦点
2. '国王'枫草坪上孤植
3. '皇家红'挪威槭丛植景观
4. '红哨兵'挪威槭的叶
5. '红哨兵'挪威槭丛植景观
6. '花叶'挪威槭孤植景观

'紫叶'黄栌
Cotinus coggygria 'Purpureus'
漆树科黄栌属

形态特征 落叶小乔木或灌木，株高可达5m。单叶互生，卵形至倒卵圆形，长4～10cm，全缘，先端圆或微凹。春季新叶紫色，夏季叶色变为暗紫色。

分布习性 原种产中国，欧洲也有分布，本种为美国引入园艺品种。我国山东、河南、河北、北京、上海等地有栽培。喜光，耐半阴，较耐寒，耐干旱、瘠薄和碱性土，不耐水湿。

园林应用 常叶单色类彩叶植物。枝繁叶茂，新叶艳丽，可孤植于墙角、院落、草坪、林缘或池塘边，也可孤植于花境中，丰富景观色彩。由于作乔木栽培时，株型松散，容易倒伏，宜作丛生型灌木栽培。

其他品种

美国红栌 'Royal Purple'，新叶紫红色，夏季叶色变为暗绿色，秋季为鲜红色。

1	4	5
2	6	
3		

1. '紫叶'黄栌的叶
2. '紫叶'黄栌草坪上丛植
3. 美国红栌路边丛植
4. 美国红栌的新叶
5. 美国红栌用于花境中
6. '紫叶'黄栌水边丛植

'银边'常春藤
Hedera helix 'Variegata'
五加科常春藤属

形态特征 常绿藤本，茎蔓生，茎节具不定根。单叶互生，掌状3～5裂，阔5～8cm,全缘或波状缘。叶片边缘具银白色镶边，新叶上的镶边较老叶鲜艳。

分布习性 原种产欧洲，本种为引进园艺品种，我国长江以南地区广泛栽培。喜光，耐阴能力强，忌强光直射，喜通风凉爽，忌高温多湿，忌积水。

园林应用 为常叶斑色类彩叶植物。叶片色彩斑斓，周年常绿，是一种观赏价值很高的观叶植物。植株低矮，且具匍匐生长特性，可作为彩叶地被配置于高大乔木下；具不定根，可攀援生长，是立体绿化的优良材料，既可盆栽垂吊观赏，也可以作为棚架绿化材料。

1
2

1. '银边'常春藤的叶
2. '银边'常春藤用于坡地绿化

'花叶'鹅掌藤

Schefflera arboricola 'Variegata'

五加科鹅掌柴属

形态特征 常绿灌木，株高可达2～3m，具蔓性生长。掌状复叶，小叶7～9（11），倒卵形至长椭圆形，长8～12cm，先端极尖或钝，基部渐狭，全缘。叶片上有不规则黄色斑块。

分布习性 原种产我国华南地区，园艺品种较多，我国华南地区露地栽培，北方地区盆栽观赏。喜半阴，喜温暖湿润气候，不耐寒，喜酸性肥沃土壤。

园林应用 为常叶斑色类彩叶植物。株型丰满，叶形规整秀丽，叶色黄绿斑点交错，最适宜近观。园林上可用于住宅小区道旁、墙角，也可用于草坪边缘孤植观赏，还可与其他种类配植，形成常绿彩叶树丛。

1	
2	
3	

1. '花叶'常春藤的叶
2. '花叶'常春藤与其他植物的组景
3. '花叶'常春藤路边丛植景观

'花叶'络石
Trachelospermum jasminoides 'Variegatum'
夹竹桃科络石属

形态特征　常绿藤本，株高30～40cm，直立性强。单叶对生，革质，椭圆形至披针形，长4～6cm，先端渐尖，基部楔形，全缘。新叶具粉白至粉红色不规则斑块，成叶转为绿色，有少量白色斑点。

分布习性　原种产我国长江流域和南方地区，本种为引进园艺种，我国黄河流域以南有栽培。喜光，稍耐阴，在阴蔽条件下常转为绿色，稍耐寒，喜肥沃沙壤土。直立性强，生长较慢。

园林应用　为常叶斑色类彩叶植物。植株低矮圆整，新叶色彩绚丽，富有层次。园林中常作为彩叶地被，不需修剪。也可丛植或点缀于花境中，还可与山石配置，刚柔对比别具一格。

1
2
3

1. '花叶'络石的叶
2. '花叶'络石用作彩叶地被
3. '花叶'络石边坡绿化

'黄金锦'络石

Trachelospermum asiaticum 'Ougonnishiki'

夹竹桃科络石属

形态特征 常绿藤本，株高20～30cm。单叶对生，革质，卵形至狭卵形，长4～6cm，先端钝尖，基部圆形，全缘。新叶具乳黄色和橙红色不规则斑块，成叶转为绿色，仍有部分保留白色斑点。

分布习性 原种产我国东南和西南地区，日本、朝鲜也有分布，本种为引进园艺品种，我上海、杭州有栽培。喜光，稍耐阴，在阴蔽条件下常转为绿色，耐寒性较花叶络石强，喜肥沃沙壤土。

园林应用 为常叶斑色类彩叶植物。植株低矮浓密，新叶红、黄、绿三色交错变化。园林中常片植作为彩叶地被，也可与其他彩叶植物配置成模纹色块，还可以丛植或点缀于花境中。

1
2
3

1. '黄金锦'络石的叶
2. '黄金锦'络石用作彩叶地被
3. '黄金锦'络石点缀花境

'花叶'夹竹桃
Nerium indicum 'Variegata'
夹竹桃科夹竹桃属

形态特征 常绿灌木，高4~5m。叶片3叶轮生，偶尔4叶轮生，长披针形，长10~15cm，全缘，先端锐尖，基部楔形，边缘反卷。叶边缘有黄色斑纹或斑块，有的叶片全为黄色，全年色彩稳定。花红色，花期初夏至秋末。

分布习性 原种产西亚地区，本种为引进园艺品种，长江流域以南地区可栽培。喜充足的光照，温暖和湿润的气候条件，不耐寒，上海地区有霜冻现象。耐瘠薄和干旱，对烟尘及多种有害气体具有很强的抵抗力。萌蘖性强，耐修剪。

园林应用 为常叶斑色类彩叶植物。株型秀雅，叶色鲜艳，兼具桃竹之美，是花叶兼赏的优良品种。园林中可植于庭园墙角，与山石配置，体现刚柔相济之美。也可点缀于草坪边、花境中、林缘矮树丛中，还可以作绿篱、道路风景林或防风林等。

1
2
3

1. '花叶'夹竹桃的叶
2. 路边'花叶'夹竹桃丛植景观
3. '花叶'夹竹桃点缀花境

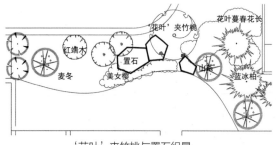

'花叶'夹竹桃与置石组景

'花叶'蔓长春花
Vinca major 'Variegata'
夹竹桃科蔓长春花属

形态特征 常绿藤本，株高可达30～50cm，茎细长而蔓生，长可达2m以上。单叶对生，椭圆形，长4～8cm，先端钝尖，基部圆形，全缘。叶边缘有黄白色斑纹。花单生叶腋，花冠漏斗形，浅紫罗兰色至深蓝色，花期4～5月。

分布习性 原种产欧洲中南部，本种为园艺品种，我国华东地区广泛栽培。喜阳光充足，也耐阴，喜温暖湿润气候，不耐寒，喜较肥沃、湿润的土壤。

园林应用 为常叶斑色类彩叶植物。枝叶清秀，叶色亮丽，花朵蓝色可爱，花叶兼赏。常作彩叶地被布置于花坛、林下、路边，也可作为垂直绿化材料植于堡坎、边坡上沿，还可盆栽置于室内或窗前、阳台观赏。

1
2
3

1. '花叶'蔓长春花的花和叶
2. '花叶'蔓长春花作彩叶地被布置于路边
3. '花叶'蔓长春花作彩叶地被布置于林下

'金叶'莸
Caryopteris 'Worcester Gold'
马鞭草科莸属

形态特征　落叶灌木，高1～2m。单叶对生，卵状披针形，长3～6cm，边缘有疏粗锯齿。春季幼叶金黄色，夏季变为黄绿色。花蓝紫色，聚伞花序，花期6～9月。

分布习性　为国外引进园艺品种，我国东北、华北、华东等地有栽培。喜光，耐旱，耐寒，耐盐碱，耐瘠薄，忌水涝，萌芽力强，耐粗放管理。

园林应用　常叶单色类彩叶植物。春季叶色金黄，夏、秋季盛开蓝紫色小花，淡雅清香，是花叶兼赏的好品种。适宜于片植作色带或绿篱，也可修剪成球状，还可以作花境材料。

其他品种

'金边'莸 'Summer Sorbet'，叶片边缘具金黄色镶边。

1	4	5
2	6	
3		

1. '金叶'莸的叶
2. '金叶'莸修建成绿篱
3. '金叶'莸片植作色带
4. '金叶'莸的花
5. '金边'莸的叶
6. '金叶'莸布置花境

'花叶'假连翘

Duranta erecta 'Variegata'

马鞭草科假连翘属

形态特征 常绿灌木或小乔木，株高可达3～4m。单叶对生，倒卵形，长4～6cm,先端尖，基部楔形，缘有粗锯齿。叶片边缘有金黄色斑块，周年可保持鲜艳色彩。总状花序，蓝紫色。

分布习性 原种产热带美洲，本种为引进园艺品种，我国长江流域以南有栽培。喜光照，稍耐阴，喜温暖、湿润气候，不耐寒，喜酸性肥沃土壤。萌蘖力强，耐修剪。

园林应用 为常叶斑色类彩叶植物。株形优美，叶色艳丽，常作灌木栽培。可修剪成球形，点缀于道路两侧、花境或花坛中，也可列植修剪成彩叶绿篱，还可配植于花坛边或高大庭荫树下。

	2
	3
1	4

1. '花叶'假连翘的叶
2. '花叶'假连翘水边丛植景观
3. '花叶'假连翘彩叶绿篱
4. '花叶'假连翘用于山体绿化

灌丛石蚕
Teucrium fruticans
唇形科石蚕属

形态特征 又称水果篮、银石蚕。常绿小灌木，株高可达1.8m。单叶对生，卵圆形，长1～2cm，宽0.8～1.2cm。小枝四棱形，全株被白色茸毛，以叶背和小枝最多。花淡紫色，花期长达1个月。

分布习性 原产于地中海地区及西班牙，近年引种，我国华东地区有栽培。喜光，稍耐阴，上海露地能安全越冬，生长快，耐修剪。

园林应用 常叶单色类彩叶植物。株形秀雅，花形奇特，全株叶色常年呈现淡淡的蓝灰色，具极高观赏价值。适作深绿色植物的前景，也可做草本花卉的背景，或用于布置花境、修剪成各种造型的彩篱。

1	1. 灌丛石蚕与其他植物配置
2	2. 灌丛石蚕的叶和花
3	3. 修剪过的灌丛石蚕点缀草坪

金叶女贞

Ligustrum × vicaryi

木犀科女贞属

形态特征 落叶或半常绿灌木，株高1.5～2m。单叶对生，卵状椭圆形，长3～7cm，全缘，先端圆或钝尖。新叶金黄色，后渐变为黄绿色。总状花序，花白色，芳香，花期夏季。

分布习性 为20世纪80年代从国外引入的园艺品种，我国从南至北均有大面积栽培。喜光，稍耐阴，耐修剪，对二氧化硫和氯气抗性较强。由于长期无性繁殖，有明显的返绿或退化现象。

园林应用 常叶单色类彩叶植物。枝叶繁密，春叶鲜艳，可片植为绿篱分割空间或美化建筑物墙体；也可与其他植物搭配修剪成各种形式的绿篱作图案造景，组成具有气势、尺度大、效果好的纹样。要注意纹样宽度不要过大，要利于修剪操作，设计时注意留出工作小道。

	2	1. 金叶女贞的叶
	3	2. 金叶女贞点缀路边
1	4	3. 金叶女贞作图案造景
		4. 金叶女贞绿篱

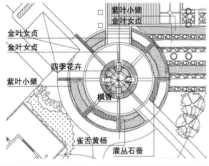

金叶女贞和紫叶小檗、灌丛石蚕等作色块美化广场

'银姬'小蜡
Ligustrum sinense 'Variegatum'
木犀科女贞属

形态特征 常绿灌木，株高可达3～4m。单叶对生，椭圆形或卵状椭圆形，长3～4cm，先端钝圆，基部楔形，全缘，背面中脉有毛。叶片灰绿色，有白色或乳黄色斑块。圆锥花序，白色，花期5～6月。

分布习性 原种产我国长江以南地区，本种为引进园艺品种，我国长江中下游及其以南各地有栽培。喜光，稍耐寒，喜肥沃沙壤土，耐干旱，耐水湿能力较强。长势旺盛，萌蘖力强，耐修剪。

园林应用 为常叶斑色类彩叶植物。枝叶细密，株型紧凑，常年呈灰白色，开花繁茂，香味浓。园林上常整形修成球形，孤植或丛植于花坛、庭院、花境、林缘、草坪上，也可列植于道路两侧，还可以列植修剪成绿篱。

1	
2	
3	4

1. '银姬'小蜡丛植景观
2. 盛花期时的'银姬'小蜡
3. '银姬'小蜡布置花境
4. '银姬'小蜡的叶

'花叶'女贞
Ligustrum lucidum 'Excelsum Superbum'
木犀科女贞属

形态特征 常绿灌木或小乔木，株高可达6～8m。单叶对生，椭圆形至卵状椭圆形，长8～12cm,先端尖，基部楔形，全缘。幼叶边缘为黄绿色，成叶片边缘有金黄色。圆锥花序，白色，花期7～8月。

分布习性 原种产中国，日本、朝鲜也有分布，本种为引进园艺品种，上海、浙江有栽培。喜光照，耐阴，喜温暖、湿润气候，耐寒性较强，喜酸性肥沃土壤。生长较慢。

园林应用 为常叶斑色类彩叶植物。枝繁叶茂，株型饱满，叶色黄绿交错，可远观，也可近赏。最适合孤植于空间并不充裕的草坪或花坛中观赏，也可植于花境中作背景植物，还可培养成大型灌木丛。

	2
	3
1	4

1. '花叶'女贞的叶
2. '花叶'女贞草坪上孤植
3. '花叶'女贞在建筑入口处点缀
4. '花叶'女贞布置花境

'金叶'卵叶女贞
Ligustrum ovalifolium 'Lemon and Line'
木犀科女贞属

形态特征 半常绿灌木，株高可达3～4m。单叶对生，椭圆状卵形，长2～4cm，先端钝，基部广楔形，全缘。叶片金黄色，周年可保持鲜艳色彩，较金叶女贞叶色深且持久。圆锥花序，白色，直立。

分布习性 原种产日本，本种为引进园艺品种，上海有栽培。喜光照，稍耐阴，夏季炎热地区容易出现日灼，喜温暖、湿润气候，耐寒，喜酸性肥沃土壤。萌蘖力强，耐修剪。

园林应用 为常叶单色类彩叶植物。枝叶浓密，叶色艳丽，花也美丽，有香味。可修剪成球形，点缀于道路两侧、花境或花坛中，也可列植修剪成彩叶绿篱，还可片植，与'紫叶'小檗、龙柏、黄杨等配置形成各式模纹色块。

1	
2	
3	4

1. '金叶'卵叶女贞布置花境
2. '金叶'卵叶女贞点缀路边
3. '金叶'卵叶女贞草坪上丛植景观
4. '金叶'卵叶女贞的叶

'银霜'女贞
Ligustrum japonicum 'Jack Frost'
木犀科女贞属

形态特征 常绿灌木，株高可达2～3m。单叶对生，卵形至卵状椭圆形，长4～5cm,先端钝，基部圆形或广楔形，全缘。幼叶边缘为黄绿色，成叶边缘为黄白色。圆锥花序，白色，花期5～6月。

分布习性 原种产日本，本种为引进园艺品种，上海、浙江有栽培。喜光照，耐阴，喜温暖、湿润气候，耐寒性较强，喜酸性肥沃土壤。生长较慢，常有返绿现象。

园林应用 为常叶斑色类彩叶植物。枝叶浓密，叶色黄绿相间，植株叶色随季节转换富有变化。常孤植于紧凑空间的花坛、草地或花境中观赏，也可修剪成绿篱。

	2
	3
1	4

1. '银霜'女贞的叶
2. '银霜'女贞布置花境中
3. '银霜'女贞路边丛植景观
4. '银霜'女贞在建筑入口处孤植

'银边'刺桂
Osmanthus heterophyllus 'Goshiki'
木犀科木犀属

形态特征 常绿灌木，株高1～1.5m,冠幅1～1.2m。单叶对生，硬革质，椭圆形或卵状椭圆形，长3～6cm，缘有3～5对大刺齿。幼叶紫红色，成叶上有不规则黄色斑点，新叶较老叶鲜艳。花小，白色，有香味，花期10～11月。

分布习性 原种产我国台湾和日本，本种为引进园艺品种，上海地区有栽培。喜光，稍耐阴，耐寒，喜肥沃沙壤土。生长较慢，耐修剪。

园林应用 为常叶斑色类彩叶植物。枝叶紧密，株型紧凑，全株叶色黄绿斑点交错。园林上常整形修成球形或馒头形，点缀于花坛、花境或草坪上。

其他品种

'三色'刺桂 'Tricolor'，新叶黄绿色，满布不规则斑点，成叶在蓝绿色叶片上分布不规则黄色斑点。

1	
2	
3	4

1. '银边'刺桂的叶
2. '三色'刺桂的成叶
3. '三色'刺桂修剪成球形
4. '三色'刺桂的新叶

'金叶'素方花
Jasminurn officinale 'Aureum'
木犀科素馨属

形态特征 蔓生灌木，枝拱形下垂，株高可达1.5～2m。奇数羽状复叶对生，叶椭圆形或卵形，先端尖，基部楔形，全缘。叶片亮黄色，叶色持久不褪。聚伞花序顶生，花白色，具芳香，花期5～6月。

分布习性 原种产中国、伊朗和印度等地，本种为引进园艺品种，我国华东地区有栽培。喜温暖向阳，但夏季炎热易出现叶片灼伤。不耐寒，不耐湿涝，较耐旱。

园林应用 为常叶单色类彩叶植物。株型舒展，枝叶秀丽，叶色鲜艳。可修剪成球型，点缀于路边、花境或草坪上，也可作为垂直绿化材料，种植于护坡顶部。

其他品种

'斑叶'素方花 'Aureovariegatum'，叶片边缘具紫红色或黄白色边，有时黄色斑纹深及叶片中脉。

	2	5
	3	
1	4	6

1. '金叶'素方花的叶
2. '斑叶'素方花的叶
3. '金叶'素方花修剪成球型点缀草坪
4. '金叶'素方花布置花境
5. '金叶'素方花点缀路边
6. '斑叶'素方花孤植

'金叶'连翘
Forsythia suspensa 'Aurea'
木犀科连翘属

形态特征 落叶灌木，株高0.8～1.2m。枝干丛生，拱形下垂。单叶对生，叶卵形或椭圆状卵形，长8～12cm，边缘具锯齿。叶生长季金黄色，远观如满树黄花绽放，极具观赏价值。花期3～4月，叶前开花，花黄色，单生或簇生。

分布习性 原种产中国北部，朝鲜也有分布，本种为引进园艺品种，我国北京、大连等地有栽培。抗寒性强，耐旱、耐瘠薄、耐修剪，萌芽力强，早春花后重剪可刺激萌发新枝，少见病虫危害。喜阳光充足，稍耐阴，忌积水，适合栽植于偏酸性、湿润、排水良好的土壤中，生长期水分要充足。

园林应用 为常叶单色类彩叶植物。为花叶兼赏的优良品种，先花后叶，早春满树黄花，花色亮丽；花后萌发金黄色的叶片，叶色经久不衰，可供三季观赏。可与花期相近的榆叶梅、锦带、紫丁香等配植在一起，色彩对比强烈，鲜艳夺目，观赏性很强，也可丛植于草坪、路缘、建筑前或做彩篱和模纹花坛。

其他品种

'金边'连翘'Golden times'，叶缘具黄绿色镶边。

1	4	5
2		
3	6	7

1. '金叶'连翘的叶
2. '金边'连翘的叶
3. '金边'连翘的枝
4. '金叶'连翘作绿篱
5. '金叶'连翘孤植作花坛
6. '金叶'连翘丛植作地被
7. '金边'连翘丛植景观

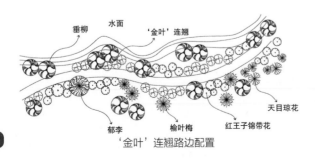

'金叶'连翘路边配置

金脉爵床
Sanchezia speciosa
爵床科金脉爵床属

形态特征 常绿灌木，株高可达1～2m。单叶对生，长椭圆至倒卵形，长15～20cm，先端突尖，基部狭长，缘有钝齿。叶脉为金黄色，主脉和侧脉更明显。

分布习性 原产南美巴西，我国华南地区可露地栽培，其他地区可温室栽培。喜阳光充足，稍耐阴，喜温暖湿润的环境，不耐寒。

园林应用 为常叶斑色类彩叶植物。株形秀丽，叶片上斑纹交错，远观近赏皆宜。可植于公园、住区路旁、出入口处、花坛上，也可植于墙角、草坪边缘、山石旁边。

1	1. 金脉爵床的叶
2	2. 金脉爵床孤植草坪上
3	3. 金脉爵床丛植路边

'花叶'栀子花
Gardenia jasminoides 'Variegata'
茜草科栀子花属

形态特征 常绿灌木，植株平展，株高0.4～0.8m。单叶对生或三叶轮生，倒披针形，长4～6cm,先端钝尖，基部楔形，全缘。叶片边缘有乳白色斑块，成叶上斑块颜色变深。花重瓣，白色，有香味。

分布习性 原种产中国华南地区，本种为引进园艺品种，上海地区有栽培。喜光照，稍耐阴，不耐寒，喜酸性肥沃土壤。

园林应用 为常叶斑色类彩叶植物。植株低矮，枝叶浓密，叶色绿白交错，花叶俱赏。园林中常作为地被植物，植于林缘或疏林下，也可修剪成球形或馒头形孤植于花坛中观赏。

| 1 | 1.'花叶'栀子花的叶 |
| 2 | 2.'花叶'栀子花的球形造型 |

‘金叶’大花六道木
Abelia grandiflora ‘Francis Mason’
忍冬科六道木属

形态特征　半常绿灌木，高可达2m。幼枝红褐色，有短柔毛。单叶对生，卵形至卵状椭圆形，长2~4cm，缘具疏齿，呈金黄色，光照不足则叶色转绿。圆锥状聚伞花序，粉白色，有香味，花期6~11月。

分布习性　为糯米条与单花六道木杂交种，本品为欧洲引进园艺品种，我国上海、江苏、浙江等地有栽培。喜光，耐热，耐寒，对土壤适应性较强。萌芽能力强，耐修剪，生长期需加强修剪，以利于保持株型丰满。

园林应用　常叶单色类彩叶植物。为花叶兼赏的优良品种，春叶金黄，叶片长成后叶色稍淡，开花繁茂，花期长，花谢后，粉红色萼片宿存直至冬季，十分美丽。可列植作为花篱或片植作为开花的色块模纹，也可孤植作为花境材料，还可以点缀于建筑入口或水边观赏。

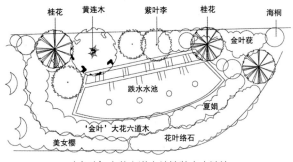

‘金叶’大花六道木片植装点水池边

1	1. ‘金叶’大花六道木的叶
2	2. ‘金叶’大花六道木布置花境
3	3. ‘金叶’大花六道木作色块
4	4. ‘金叶’大花六道木作地被

'紫叶'接骨木
Sambucus nigra 'Black Lace'
忍冬科接骨木属

形态特征 落叶灌木，株高可达1.5～2m。奇数羽状复叶，小叶5～7枚，具深裂，裂片披针形，叶色紫黑。聚伞花序，扁平状，花白色，花期5～6月。

分布习性 原种产南欧、北非和西亚，本种为引进园艺品种，上海有栽培。喜光，稍耐阴，耐寒，我国北京以南地区可露地栽培，对土壤要求不严。

园林应用 为常叶单色类彩叶植物。枝叶纤细，叶色黑紫，花白色，黑白相间。园林中可孤植于花坛或墙角，也可点缀于花境，还可植于林缘或草坪边观赏。

1	1. '紫叶'接骨木的叶
2	2. '紫叶'接骨木的花
3	3. '紫叶'接骨木点缀林缘

'黄脉'忍冬
Lonicera japonica 'Aurea-reticulata'
忍冬科忍冬属

形态特征 半常绿藤本，长可达2～3m。单叶对生，卵形至卵状椭圆形，长4～6cm，先端具小尖，基部圆形，全缘。叶脉黄色，老叶颜色变浅。

分布习性 原种产中国，日本、朝鲜也有分布，本种为引进园艺品种，上海有栽培。喜光，耐阴，耐寒，耐干旱、水湿，对土壤要求不严。

园林应用 为常叶斑色类彩叶植物。枝叶纤细，株型飘逸，叶色斑斑点点，适宜近观。是垂直绿化的优良材料，可作棚架绿化、屋顶绿化或堡坎绿化材料，也可作为林下地被栽培，还可以盆栽垂吊观赏。

1
2

1. 黄脉忍冬的叶
2. 黄脉忍冬与置石造景

'金叶'毛核木
Symphoricarpos 'Brainde Soleil'
忍冬科毛核木属

形态特征　蔓生灌木，枝拱形下垂，株高可达1.5～2m。奇数羽状复叶对生，叶椭圆形或卵形，先端尖，基部楔形，全缘。叶片亮黄色，叶色持久不褪。聚伞花序顶生，花白色，具芳香，花期5～6月。

分布习性　原种产中国、伊朗和印度等地，本种为引进园艺品种，我国华东地区有栽培。喜温暖向阳，但夏季炎热易出现叶片灼伤，不耐寒，不耐湿涝，较耐旱。

园林应用　为常叶单色类彩叶植物。株型舒展，枝叶秀丽，叶色鲜艳。可修剪成球型，点缀于路边、花境或草坪上，也可作为垂直绿化材料，种植于护坡顶部。

1	1. '金叶'毛核木的叶
2	2. '金叶'毛核木丛植景观
3	3. '金叶'毛核木点缀路边

'花叶'锦带花
Weigela florida 'Variegeta'
忍冬科锦带花属

形态特征 落叶灌木，株高可达2～3m，枝条呈拱形弯曲。单叶对生，卵圆形至卵状椭圆形，长8～12cm，宽4～6cm，先端渐尖，基部圆形，缘有锯齿。新叶黄绿色，有白色斑块，叶片长成后变浅。聚伞花序，通常3～4朵，深粉红色，花期4～5月。

分布习性 原种产亚洲东北部，本种为引进园艺品种，中国东北到江南地区均可栽培。喜光，耐半阴，耐干旱贫瘠，忌水涝，对土壤适应性强，在肥沃、排水良好的土壤中生长良好。花芽形成于上一年枝条上，修剪应于花后进行。

园林应用 为常叶斑色类彩叶植物。春季新叶黄绿交错，富于变化，粉红色花朵满布于拱形枝条上，格外华丽，是花叶兼赏的优良花灌木。可广泛种植于道旁、林缘、草坪或花境中观赏，也可列植形成彩叶花篱。

其他品种

'紫叶'锦带花 'Purpurea'，新叶紫黑色，成叶绿紫色，花紫红色。

1	4	5
2	6	
3		

1. '花叶'锦带花布置花境
2. '花叶'锦带花的花与叶
3. '花叶'锦带花孤植点缀草坪
4. '紫叶'锦带花的花和叶
5. '花叶'锦带花群植于路旁
6. 盛花期的'花叶'锦带花

菲白竹
Sasa fortunei
禾本科赤竹属

形态特征 矮生竹类，地下茎复轴混生，株高0.4～0.5m。叶片长8～15cm，宽2～3cm,叶片中央有白色纵条纹，老叶更明显。

分布习性 原产日本，我国上海、杭州等地有栽培。耐阴，喜温暖湿润气候，浅根性，对土壤要求不严。

园林应用 为常叶斑色类彩叶植物。叶型秀丽，植株整齐，常作为彩叶地被或绿篱，可不修剪，也可植于花坛、墙角观赏，还可与假山石相配置。

1	1. 菲白竹的叶
2	2. 菲白竹丛植景观
3	3. 菲白竹作彩叶绿篱

菲 黄 竹

Sasa auricona

禾本科赤竹属

形态特征 矮生竹类，地下茎复轴混生，株高0.8～1.2m。叶长10～20cm，宽3～5cm，叶片中央有黄色纵条纹。

分布习性 原产日本，我国上海、杭州、南京等地常栽培。耐阴，喜温暖湿润气候，浅根性。长势较菲白竹旺盛。

园林应用 为常叶斑色类彩叶植物。株型较菲白竹高大，惟中央纵条纹为黄色，园林中的用法与菲白竹类同，还可以孤植形成球形或馒头形。

1	1. 菲黄竹的叶
2	2. 菲黄竹丛植景观
3	3. 菲黄竹作彩叶地被

'三色'千年木
Dracaena marginata 'Tricolor'
百合科龙血树属

形态特征 常绿灌木，株高可达5～10m。具明显主干和分枝。叶密生于茎顶，狭带形，长40～60cm，宽1.5～2cm，先端锐尖，中脉明显，叶缘紫红色。

分布习性 原种产马达加斯加岛，我国南方地区露地栽培，北方地区盆栽观赏。喜光，稍耐阴，喜温暖、湿润气候，不耐寒，喜酸性肥沃土壤。

园林应用 为常叶斑色类彩叶植物。株型舒展，叶片细长秀丽，叶色条纹鲜艳，线条清晰。可丛植于道路边、草地上或花台中观赏，也可与其他低矮种类配置，形成高低错落的彩叶灌丛。

	2
1	3

1. '三色'千年木孤植于草坪上
2. '三色'千年木布置花境
3. '三色'千年木的叶

'亮叶'朱蕉
Cordyline fruticosa 'Aichiaka'
百合科朱蕉属

形态特征 也称'红叶'朱蕉。常绿灌木，株高可达1～3m。单叶互生，聚生于茎或枝的上端，披针状长椭圆形，长30～50cm，宽5～10cm，先端渐尖，基部叶柄抱茎。新叶红色，老叶转为绿色或暗红色，叶缘仍有鲜艳红色。

分布习性 原种产亚洲热带和亚热带地区，园艺品种众多，华南地区广为栽植。喜光，也耐阴，对光照条件适应范围较大，但忌强光直射，喜高温多湿，不耐寒，喜酸性肥沃土壤。

园林应用 为常叶斑色类彩叶植物。亮叶朱蕉株型潇洒，叶型秀丽，色彩华贵高雅。适宜丛植或片植于草坪边缘、路边、庭院角隅等，也可与其他叶形、叶色的种类配置成混交树丛，北方多盆栽观赏。

1	
2	
3	4

1. '亮叶'朱蕉与其他色叶植物配置
2. '亮叶'朱蕉丛植景观
3. '亮叶'朱蕉点缀草坪
4. '亮叶'朱蕉的叶

'红星'澳洲朱蕉
Cordyline australis 'Red star'
百合科朱蕉属

形态特征 常绿小乔木或大灌木，株高可达2～3m。叶集生枝顶，披针形至线形，长30～90cm，宽1～3cm，先端渐尖，基部渐狭，全缘，红褐色。

分布习性 原产新西兰，园艺品种较多，本种为园艺品种，我国华东和华南地区有栽培。喜温暖、湿润和阳光充足的环境，不耐寒，怕涝。

园林应用 为常叶斑色类彩叶植物。株型自然潇洒，叶型整齐，叶色艳丽。常用于布置花境、容器绿化和点缀岩石园，温暖地区可孤植或丛植于草坪、路旁观赏。

	2
	3
1	4

1. '红星'澳洲朱蕉路边点缀
2. '红星'澳洲朱蕉丛植景观
3. '红星'澳洲朱蕉布置花境
4. '红星'澳洲朱蕉水边景观

'金心' 丝兰
Yucca filamentosa 'Color Guard'
百合科丝兰属

形态特征 常绿灌木，株高60～200cm。叶丛生，叶硬直，宽2～5cm，先端突尖，上部边缘内卷呈匙形，基部渐狭。叶心部乳黄色或乳白色；花黄白色，花期7～8月。

分布习性 原种产美国东南部，本种为引进园艺品种，华北南部及以南地区可露地栽培。喜阳光充足，耐寒，耐旱，耐瘠薄，对土壤要求不严，忌积水。

园林应用 为常叶斑色类彩叶植物。株型挺拔，叶色亮丽。可丛植点缀草坪、广场、道路边等。

其他品种

'金边' 丝兰 'Bright Edge'，叶片边缘为金黄色。

1	
2	
3	4

1. '金边' 丝兰的叶
2. '金心' 丝兰的叶
3. '金心' 丝兰丛植景观
4. '金心' 丝兰点缀广场

'金边'毛里求斯麻
Furcraea selloa 'Marginata'
百合科万年麻属

形态特征 常绿灌木，株高可达1～2m。叶剑形，先端渐尖，叶缘具刺，叶边缘金黄色，具硬刺。

分布习性 原种产非洲毛里求斯，本种为引进园艺品种，我国华南地区有栽培。喜温暖干燥和阳光充足环境，不耐寒，较耐阴和耐干旱。

园林应用 为常叶斑色类彩叶植物。植株繁茂，叶形强健有力，叶色条纹鲜艳清晰。可孤植或丛植于草坪上、道路边，也可丛植于花坛内与苏铁和景石配置成景。

1
2
3

1. '金边'毛里求斯麻植株
2. '金边'毛里求斯麻丛植
3. '金边'毛里求斯麻与其他植物配置成景

落 羽 杉
Taxodium distichum
杉科落羽杉属

形态特征　落叶乔木，株高可达20～30m。树冠圆锥形，枝条平展。叶线形，长1～1.5cm,排成2列，羽状。秋叶呈金黄色至棕红色。

分布习性　原产北美东南部，我国20世纪70年代引种，长江流域及以南广泛栽培。强阳性，喜温暖湿润气候，不耐寒，喜深厚肥沃土壤，耐水湿。生长速度中等偏快。

园林应用　为秋叶单色类彩叶植物。树体高大挺拔，冠形规整，主干通直，树姿优美，秋叶棕红醒目。园林中可做行道树，也可孤植或丛植于草坪上观赏，还可作为造林树种，列植于河道两侧，颇具气势。

1	1. 落羽杉草坪上丛植
2	2. 落羽杉与常绿树的配置
3	3. 落羽杉水边丛植

连 香 树
Cercidiphyllum japonicum
连香树科连香树属

形态特征 落叶乔木，株高可达25～30m。单叶互生，广卵形至圆形，长4～8cm，先端钝圆，基部心形，缘具钝齿。秋叶变为橙红色至亮黄色。

分布习性 原种产中国和日本，国外已育有园艺品种，国内少见栽培。喜光，耐寒，喜冷凉湿润气候，不耐热，夏季炎热地区常出现叶灼和茎腐病。喜湿润肥沃土壤。

园林应用 为秋叶单色类彩叶植物。树形圆锥形至卵圆形，主干通直，枝繁叶茂，秋叶绚丽，色彩富有层次。最适宜种植于庭院、草坪上作主景树观赏，气候冷凉湿润地区也可作行道树，还可配置于建筑入口两侧、广场上或水岸边观赏。

1	1. 连香树的叶
2	2. 连香树路边列植

银 杏
Ginkgo biloba
银杏科银杏属

形态特征 落叶乔木，株高可达40m。单叶，长枝上互生，短枝上簇生，扇形，先端常2裂，有长柄。秋叶变为金黄色。

分布习性 为我国特产树种，著名子遗植物，从辽宁到广东广泛栽培。喜光，耐寒，耐旱，不耐水湿，对土壤要求不严。生长较慢，萌蘖性强，耐修剪。

园林应用 为秋叶单色类彩叶植物。树体高大雄伟，枝叶浓密，秋叶鲜黄。可孤植于开阔草地上观赏，也可列植于道路两侧作行道树，群植于广场形成树阵，还可与其他常绿树种配植形成彩叶风景林。

1	4	5
2	6	
3		

1. 银杏的叶
2. 银杏落叶景观
3. 银杏在建筑旁孤植景观
4. 银杏路边列植景观
5. 银杏树阵景观
6. 银杏在建筑旁丛植景观

南天竹

Nandina domestica

小檗科南天竹属

形态特征 常绿灌木，株高约2m。二至三回羽状复叶互生，小叶椭圆状披针形，长4～8cm，先端尖，基部楔形，全缘。秋冬季节，叶片经霜后变为紫红色至红色。浆果球形，鲜红色，宿存至翌年2月，整个冬季非常醒目。

分布习性 原产中国、日本，长江流域及以南地区广为栽培。喜光，亦耐阴，喜温暖湿润气候，稍耐寒，对土壤要求不严。

园林应用 为秋叶单色类彩叶植物。南天竹树姿秀丽，秋叶红艳，红果累累，经冬不凋，叶、果俱佳。传统园林中常作为置石、假山、花台、月洞的配置植物，现在常作为绿地的地被植物成片种植，也可孤植或丛植形成大型灌木丛。

其他品种

'火焰'南天竹'Firepower'，植株矮小，株型紧凑，高仅30～40cm。秋叶经霜后变红，愈冷愈红。常植于道路、草地或绿地边缘，也可作花境材料。

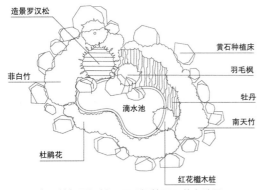

南天竹与罗汉松、羽毛枫等用于花台造景

1	4	5
2	6	
3		

1. '火焰'南天竹的叶
2. '火焰'南天竹植株
3. 经霜后的'火焰'南天竹
4. 南天竹的叶和果
5. 南天竹雪景
6. 南天竹水边丛植景观

波斯铁木
Parrotia persica
金缕梅科铁木属

形态特征　落叶乔木，主干较短，株型平展，株高可达8～12m，冠幅可达5～7m。单叶互生，倒卵形或近菱形，长8～10cm，先端钝，基部歪斜或广楔形，近全缘，先端有钝齿。秋叶猩红至橙红。

分布习性　原产伊朗，我国少见栽培。喜光，喜温暖湿润气候，稍耐寒，喜酸性肥沃土壤，能耐轻度石灰性土壤。

园林应用　为秋叶单色类彩叶植物。株型开展，叶色红艳明亮，色彩层次丰富。可培养成小乔木或大灌木孤植草地上观赏，也可丛植于林缘。

1
2
3

1. 波斯铁木的叶
2. 波斯铁木丛植景观
3. 波斯铁木草坪上孤植

北美枫香
Liquidambar styraciflua
金缕梅科枫香属

形态特征 落叶乔木，株高可达15～20m。树冠圆锥形，树干通直。单叶互生，掌状5～7裂，常5裂，长8～15cm，缘有钝齿，基部心形，先端渐尖到尾尖。秋叶变为紫红色到橙红色。

分布习性 原产北美地区，园艺品种较多，我国南京、杭州、上海有栽培，可惜都是种子播种实生苗，变色效果多不佳。喜光，喜温暖湿润气候，不耐干旱，喜酸性肥沃土壤。生长快，萌芽性强。

园林应用 为秋叶单色类彩叶植物。冠大荫浓，主干通直，树型规整，秋叶绚丽，是北美地区著名秋色叶树种。可孤植于庭园、草地作主景树，也可与常绿乔木树种配置形成大型树丛。

1	
2	3

1. 北美枫香丛植景观
2. 北美枫香草坪上孤植
3. 北美枫香的叶

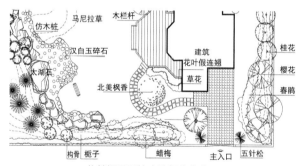

北美枫香孤植庭院起焦点作用

枫 香
Liquidambar formosana
金缕梅科枫香属

形态特征 落叶乔木，株高可达20～30m。树冠广卵形，树干通直。单叶互生，掌状3裂，长6～12cm，缘有齿，基部心形，先端渐尖。秋叶变为橙红色或黄色。

分布习性 产我国秦岭及淮河以南地区，越南、老挝也有分布，我国长江流域广泛栽培。喜光，喜温暖湿润气候，耐干旱瘠薄，深根性，抗风力强；生长快，萌芽性强。

园林应用 为秋叶单色类彩叶植物。冠大荫浓，主干通直，秋叶红艳，是南方地区著名的秋色叶树种。最宜于丘陵、低山地区营造风景林，也可孤植于庭园中作庭荫树，列植于宽阔道路两侧作行道树，还可配植于草地、湖岸边形成高大树丛。

1			
2	3	4	
		5	

1. 枫香的叶
2. 枫香的枝条
3. 枫香与建筑的配置
4. 枫香孤植路口起引导作用
5. 枫香入口对植

杂种金缕梅

Hamamelis × intermedia

金缕梅科金缕梅属

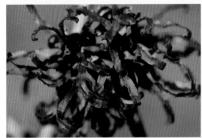

形态特征 落叶灌木或小乔木，株高可达3～4m。单叶互生，广卵形或倒卵形，长8～15cm，先端极尖，基部楔形，缘有锯齿，幼枝和叶密被柔毛。花瓣狭长、丝带状，花色有红、黄、橙红；秋叶橙红至红色。

分布习性 为日本金缕梅和金缕梅的杂交品种，园艺品种较多，上海有引种，长江流域以南地区可栽培。喜光，耐半阴，南方地区栽培应防止夏季暴晒，喜温暖湿润，不耐寒，喜酸性肥沃、排水良好土壤、忌黏重积水。

园林应用 为秋叶单色类彩叶植物。本种为著名冬季观花植物，长江流域可春节前后开花，花期长达1个多月，秋叶红艳可爱，为花叶兼赏的优良品种，国外庭园中普遍栽培。最适于林缘空地上栽培观赏，也可作为其他低矮花灌木的背景树丛。

1	2	5	6
3		7	
4			

1. 杂种金缕梅红色的花
2. 杂种金缕梅黄色的花
3. 杂种金缕梅的叶
4. 杂种金缕梅孤植于路旁
5、6. 大雪覆盖的杂种金缕梅花枝
7. 金缕梅冬景

光叶榉
Zelkova serrata
榆科榉树属

形态特征 落叶乔木，株高可达15～20m。树冠倒卵状伞形。单叶互生，卵形至卵状披针形，长6～10cm，表面光滑，背面无毛或仅中脉有毛，先端尾尖，基部圆形或广楔形，叶缘具尖锯齿。秋季叶变为古铜色至红色。

分布习性 产我国华北至华南、西南的广大地区，日本、朝鲜也有分布，北京以南地区可广泛栽培。喜光，稍耐阴，喜温暖气候及肥沃湿润的土壤，耐烟尘，抗病虫害能力强。

园林应用 为秋叶单色类彩叶植物。主干通直，冠型圆整，枝叶浓密，秋色艳丽。宜作庭荫树或行道树，可种植于草坪、道路、广场观赏，也可与其他常绿树种配植，形成叶色丰富的彩叶树丛。

	2
1	3

1. 光叶榉的叶
2. 光叶榉与其他色叶树配置
3. 光叶榉植株

纳塔栎

Quercus nuttallii

壳斗科栎属

形态特征 落叶乔木，树冠阔卵圆形，株高可达 18～24m，冠幅可达10～15m。单叶互生，长倒卵形，长 8～14cm，先端尖，基部楔形，边缘羽状3～5裂，裂片具 细裂齿。秋叶暗红至紫红。

分布习性 原产美国、加拿大，我国近年引种，上 海有栽培。喜光，稍耐寒，对土壤要求不严。

园林应用 为秋叶单色类彩叶植物。冠大荫浓，主 干通直，秋叶红艳。可孤植于庭院中作庭荫树，也可孤 植或丛植于草地上作主景树，还可以列植作行道树。

1	1. 纳塔栎的叶
2	2. 纳塔栎孤植景观
3	3. 纳塔栎丛植景观

柿 树
Diospyros kaki
柿树科柿树属

形态特征 落叶乔木，株高可达10～15m。单叶互生，倒卵形至长椭圆形，长15～20cm，先端尾状钝尖，基部楔形，全缘。秋叶经霜后变为暗红色至红色，浆果扁球形，径可达6～10cm，鲜黄至橙红，经冬不凋。

分布习性 原种产中国长江流域至黄河流域，日本也有分布，为北方著名果树，我国南北各地广为栽培。喜光，耐寒，耐干旱瘠薄，不耐水湿和盐碱。

园林应用 为秋叶单色类彩叶植物。叶型硕大，叶色红艳可爱，秋冬红果满树，叶、果俱佳。常孤植于院角、墙边，也可植于草地边缘，还可片植于缓坡、山岗，形成秋叶、冬果的壮观场景。

1	1. 柿树的叶
2	2. 柿树路边与灌木配置

杜　梨
Pyrus betulifolia
蔷薇科梨属

形态特征　落叶乔木，株高可达8～10m。小枝有时有枝刺，幼枝、幼叶密被柔毛。单叶互生，长卵形，长4～8cm，先端渐尖，基部圆形至广楔形，缘有粗尖齿。秋季叶变为古铜色至红色。伞形花序，白色。

分布习性　产我国东北南部至长江流域，园艺品种较多，东北以南地区广泛栽培。喜光，耐寒，耐旱能力强，耐盐碱，对土壤要求不严。深根性，萌蘖力强。

园林应用　为秋叶单色类彩叶植物。树形圆锥形至椭圆形，枝繁叶茂，春季繁花满树，秋季叶色浓艳，是花叶兼赏的优良树种。可种植于庭院、草坪、道路、广场上或建筑一侧观赏，也可列植于广场、堤岸或水边观赏。

1	
2	
3	4

1. 杜梨的叶
2. 杜梨列植景观
3. 杜梨的果
4. 杜梨种植于建筑前观赏

丝 绵 木

Euonymus maackii

卫矛科卫矛属

形态特征 落叶小乔木，高可达6～8m。树冠圆球形，小枝细长柔软，绿色光滑。单叶对生，卵状椭圆形或长椭圆形，长5～8cm，先端锐尖，基部楔形，缘有细齿。秋叶转为暗红到深红。

分布习性 产中国东北、华北至长江流域，华中、华东地区有栽培。喜光，稍耐阴；耐寒，耐干旱，也耐水湿，对土壤要求不严。萌蘖力强，生长缓慢。

园林应用 为秋叶单色类彩叶植物。株型舒展，枝叶纤细，叶色鲜艳。适合孤植林缘或道旁，也可点缀于草坪边缘矮树丛中，还可植于湖岸、溪边构成水景。

	2
1	3

1. 丝绵木的叶
2. 丝绵木丛植景观
3. 丝绵木植于路旁起引导作用

肉花卫矛

Euonymus carnosus

卫矛科卫矛属

形态特征 半常绿乔木，株高可达10～15m。单叶对生，长椭圆形至长倒卵形，长8～12cm，先端尖，基部楔形，缘有细齿。秋叶暗红到紫红，蒴果开裂，种子黑色。

分布习性 产中国东北南部至长江流域，上海、杭州有栽培。喜光，耐阴，耐寒，对土壤要求不严，能耐轻度盐碱。生长缓慢。

园林应用 为秋叶单色类彩叶植物。株型丰满，秋色艳丽。可植于道旁、花坛、草坪、林缘，还可与其他开花灌木配植，形成高低错落的大树丛。

1	1. 肉花卫矛的叶和果
2	2. 肉花卫矛草坪上丛植景观

卫 矛
Euonymus alatus
卫矛科卫矛属

形态特征 落叶灌木，株高可达2～3m。小枝四棱形，有木栓翅。单叶对生，倒卵形至椭圆形，长3～6cm，先端钝尖，基部楔形，缘有细齿。秋叶紫红到亮红。

分布习性 产中国东北南部至长江流域；日本、朝鲜也有分布。喜光，耐阴，耐寒。生长缓慢，耐修剪。

园林应用 为秋叶单色类彩叶植物。株型飘逸，枝翅奇特，秋叶艳丽。可孤植或丛植于草坪、林缘或水边，也可点缀于山石、亭廊和景墙一侧。

其他品种

'密实'卫矛 'Compacta'，与原种相比，'密实'卫矛生长速度较慢，株型紧密，枝叶更繁茂，秋季叶片呈鲜艳的亮紫红色。可孤植或丛植于草坪、林缘形成高大灌木，也可列植修剪成彩叶绿篱。

1	4	5	6
2		7	
3			

1. '密实'卫矛的叶
2. '密实'卫矛绿篱
3. '密实'卫矛建筑旁丛植景观
4. 卫矛点缀路边
5. 卫矛的枝条
6. '密实'卫矛草坪上丛植景观
7. '密实'卫矛路口孤植景观

乌 柏

Sapium sebiferum

大戟科乌柏属

形态特征 落叶乔木，株高可达15～20m。单叶互生，广卵形，先端尾状渐尖，基部广楔形，全缘。秋叶紫红到橙黄。

分布习性 原产中国，日本、越南、印度也有分布，我国长江流域广泛栽培。喜光，喜温暖气候，耐水湿，喜肥沃深厚土壤。生长快，抗性强。

园林应用 为秋叶单色类彩叶植物。树冠整齐，叶形秀丽，秋叶艳丽，为南方地区著名秋色叶树种。可孤植于草坪、庭园作主景树种，也可丛植于水边、山坡或林缘形成高大树丛。

1	1. 乌柏的叶
2	2. 乌柏列植景观
3	3. 乌柏水边孤植景观

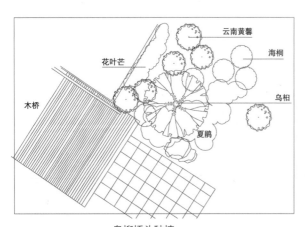

乌柏桥头种植

爬山虎
Parthenocissus tricuspidata
葡萄科地锦属

形态特征 落叶藤本，长可达15～20m。具吸盘。单叶互生，叶广卵形，通常3裂，先端尖，基部心形，缘有粗齿。秋叶变红、紫红到橙黄色。

分布习性 产我国东北以南地区，朝鲜、日本也有分布。喜光，稍耐阴，耐寒，对土壤和气候适应力很强。

园林应用 为秋叶单色类彩叶植物。爬山虎枝叶茂密，秋叶红艳，变色整齐。利用吸盘能攀援光滑墙面，是垂直绿化的优良材料。可用于墙面绿化、屋顶绿化和护坡绿化，最适合配植于3～4层的光滑墙面，形成绿色屏障，还可以配置于水边矮墙或山石、枯树，别具自然雅趣。

1	
2	
3	4

1. 爬山虎驳岸绿化
2. 爬山虎建筑物墙面绿化
3. 爬山虎利用吸盘攀援光滑墙面
4. 爬山虎的叶

五叶地锦
Parthenocissus quinquefolia
葡萄科地锦属

形态特征 落叶藤本，长可达15～20m。具分枝卷须。掌状复叶，小叶5，卵状椭圆形，长10～15cm，先端尖，基部楔形，缘有粗齿。秋叶变为紫红色到浅红色。

分布习性 原产美国，我国东北到华东地区有栽培。喜光，稍耐阴，喜温暖湿润气候，亦耐寒，喜湿润、肥沃土壤。

园林应用 为秋叶单色类彩叶植物。株型清秀，秋季叶色红艳，常用作垂直绿化材料，但攀援能力不如爬山虎。可用于棚架、堡坎、边坡绿化，也可用作高架立柱绿化，但是需要设置攀爬的格栅。还可以作为地被植物。

	2
1	3

1. 五叶地锦的叶
2. 五叶地锦攀附在其他植物上
3. 五叶地锦边坡绿化

无 患 子
Sapindus mukorossi
无患子科无患子属

形态特征 落叶乔木，株高可达20～25m。树皮灰色，不开裂。偶数（罕为奇数）羽状复叶互生，小叶8～14枚，卵状长椭圆形，长8～20cm，先端尖，基歪斜，全缘。秋叶橙黄色至金黄色。圆锥花序顶生，花黄白色，花期5～6月。

分布习性 产我国长江流域及以南地区，上海、杭州有栽培。喜光，稍耐阴，喜温暖湿润气候，耐寒性不强，对土壤要求不严。生长慢，萌芽力弱，不耐修剪。

园林应用 为秋叶单色类彩叶植物。树体高大，主干通直，冠型开展，枝叶浓密，秋叶金黄，是良好的庭荫树及行道树种。可孤植于草坪上、建筑前、庭院中、广场上作为主景树，也可列植成为行道树或树阵。

1	
2	3

1. 无患子草坪上丛植景观
2. 无患子树群
3. 无患子的叶

无患子列植作行道树

黄 连 木

Pistacia chinensis

漆树科黄连木属

形态特征　落叶乔木，高达25～30m。偶数羽状复叶互生，小叶5～7对，卵状披针形，长5～8cm，先端锐尖，基部歪斜，全缘。秋叶为亮红色或橙红色；核果球形，熟时红色或紫蓝色。

分布习性　产我国黄河流域，华南、西南地区均有分布，黄河流域以南广泛栽培。喜光，耐干旱瘠薄，对土壤要求不严，对二氧化硫和烟的抗性较强。生长较慢，寿命长。

园林应用　为秋叶单色类彩叶植物。枝繁叶茂，树干通直，冠形优美，秋叶艳丽。可孤植于庭园、广场、草坪或湖岸边观赏，也可丛植于林缘，还可以用作行道树和厂矿绿化的树种。

	2	3
		4
1		5

1. 黄连木的叶
2. 黄连木路边孤植景观
3. 黄连木列植景观
4. 黄连木与常绿树配置
5. 黄连木的树干

'夕阳'杂种槭
Acer 'Norweigan Sunset'
槭树科槭树属

形态特征 落叶乔木，株高可达12～15m。单叶对生，掌状3～5裂，叶长12～15cm，小裂片上具粗齿。秋叶为橙红至黄色，上海地区秋叶期为12月上旬。

分布习性 原种为挪威槭与元宝槭杂交种，育成于美国，本种为近年引进园艺品种，我国上海地区有栽培，北京以南地区可栽培。喜光，不耐阴，较耐寒，不耐旱，喜肥沃酸性土壤。生长较快，病虫害较少。

园林应用 为秋叶单色类彩叶植物。冠大荫浓，主干通直，秋季叶色呈现红、黄、绿交错，色彩富有层次。适合孤植于庭园中作庭荫树，也可作为绿化带较宽道路的行道树，还可群植形成彩叶风景林。

其他品种

'太平洋落日'杂种槭 'Pacific Sunset'，变叶期较前种早，耐热性不如前种，但叶色较前种明亮。

1	
2	
3	4

1. 秋季同一株树上呈现丰富色彩
2. '夕阳'杂种槭路边列植
3. '太平洋落日'杂种槭丛植景观
4. '夕阳'杂种槭的叶

'夕阳红'红花槭
Acer rubrum 'Red Sunset'
槭树科槭树属

形态特征 落叶乔木，株高可达10～12m。单叶对生，掌状3～5裂，叶长6～10cm。秋叶为亮红至橙红色，上海地区秋叶期为11月下旬至12月上旬。花小，量大，红色，叶美丽。

分布习性 原种产北美，本种为近年引进园艺品种，我国北京、山东、上海、浙江等地有栽培。喜光，不耐阴，较耐寒，不耐旱，喜肥沃酸性土壤。生长较快。南方地区有天牛危害。

园林应用 为秋叶单色类彩叶植物。株型丰满，主干通直，秋季叶色华丽，上部光照充足叶片为亮红色，下部或内部叶片为橙红色，色彩变化极富层次，为我国长江流域地区为数不多的秋叶能够稳定变红的优良乔木品种。适合孤植或丛植于光照充足的草坪观赏，也可列植于绿地、公园、居住区主干道两旁，还可群植形成彩叶风景林。

其他品种

'十月红''October Glory'，树冠较'夕阳红'浓密，叶柄较'夕阳红'长，叶色较'夕阳红'深，红叶期较'夕阳红'晚1周左右。

'秋之火''Autumn Flame'，观赏性状类似于'十月红'，但树冠较小，叶片也较小，秋叶变色时，叶片从边缘开始变红，叶片边缘颜色较中部深。

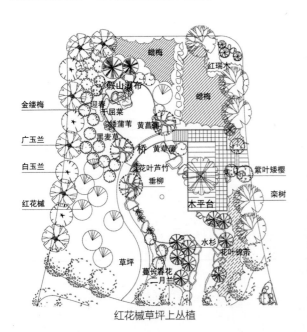

红花槭草坪上丛植

1	2	5	
3		6	8
4		7	

1. '夕阳红'红花槭的叶
2. '夕阳红'红花槭孤植于建筑前
3. '夕阳红'红花槭的枝条
4. '夕阳红'红花槭列植景观
5. '秋之火'的叶
6. '夕阳红'红花槭树阵
7. '十月红'丛植景观
8. '十月红'的枝条

'秋焰'槭
Acer 'Autumn Blaze'
槭树科槭树属

形态特征 落叶乔木，株高可达12～15m。单叶对生，掌状3～5裂，叶长10～15cm。秋叶为橙红至黄色，上海地区秋叶期为12月上旬。

分布习性 原种为红花槭与银白槭的杂交种，育成于美国，本种为近年引进园艺品种，我国上海、青岛地区有栽培，适合我国北方地区栽培。喜光，不耐阴，较耐寒，不耐旱，喜肥沃酸性土壤。生长较快，南方地区天牛危害较重。

园林应用 为秋叶单色类彩叶植物。冠大荫浓，主干通直，秋季叶色呈现红、黄、绿交错，色彩富有层次。适合孤植于庭园中作庭荫树，也可作为绿化带较宽道路的行道树，还可群植形成彩叶风景林。

1		3
2		
4		
5		

1. '秋焰'槭的叶
2. '秋焰'槭叶色的变化
3. '秋焰'槭孤植景观
4. '秋焰'槭树阵
5. '秋焰'槭路边列植

元 宝 枫
Acer truncatum
槭树科槭树属

形态特征 落叶乔木，高8～10m。单叶对生，掌状5裂，有时中裂片或中部3裂片又3裂，基部2裂向下开展，裂片先端渐尖，基部楔形。秋叶变为黄、橙黄或橙红色；翅果，两翅张开成直角或钝角。

分布习性 产我国东北、华北及华东部分地区，我国北方地区广泛栽培。喜光，可耐半阴，耐寒（-25℃），耐旱，忌水涝，喜生长在肥沃、湿润、排水良好的土壤。深根性，有抗风能力；萌芽力较弱，不耐修剪。

园林应用 为秋叶单色类彩叶植物。树形优美，枝叶浓密，秋叶艳丽。适宜于建筑物前、庭院中及绿地内孤植或丛植，也可作为居住区或小型道路的行道树，还可以群植或林植形成彩叶风景林。

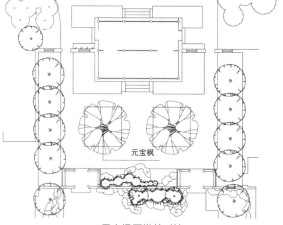

元宝枫厅堂前对植

| 1 | 1. 元宝枫的叶 |
| 2 | 2. 元宝枫配置于建筑前 |

鸡爪槭
Acer palmatum
槭树科槭树属

形态特征　灌木或小乔木，株高可达6～7m。枝细长光滑，小枝紫色或灰紫色。叶掌状7～9深裂，叶片卵状披针形，先端尾状尖。入秋叶色变红，色艳如花。

分布习性　原产中国，日本、朝鲜也有分布，园艺品种众多，我国辽宁南部以南地区广泛栽培。喜温暖湿润气候及肥沃、湿润而排水良好之土壤，喜光，耐半阴，耐涝，较耐寒。

园林应用　为秋叶单色类彩叶植物。树姿自然舒展，叶形秀丽，秋叶红艳欲滴。常与其他槭树种类配置在一起，形成色彩斑斓的槭树园；也可在常绿树丛中杂以一株或数株鸡爪槭，营造"万绿丛中一点红"景观。可植于山麓、池畔、假山旁，也可配置于草坪边、亭榭前、花坛、墙角，无处不景。

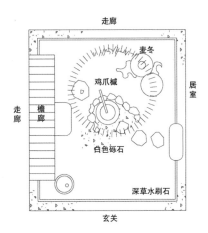

鸡爪槭点缀私家庭院内庭

1	4	7
2	5	8
3	6	9

1. 鸡爪槭的叶色变化
2. 光照不足时鸡爪槭的叶色
3. 鸡爪槭孤植水边
4. 鸡爪槭丛植于置石旁
5. 鸡爪槭孤植道路拐角处
6. 鸡爪槭树群
7. 鸡爪槭的树干
8. 鸡爪槭路边丛植景观
9. 鸡爪槭草坪上丛植景观

秀 丽 槭
Acer elegantulum
槭树科槭树属

形态特征 落叶乔木，株高可达9～12m。单叶对生，掌状5裂，长6～9cm，宽7～12cm，先端短急尖，基部近心形，缘具低平锯齿。秋叶为橙黄色至紫红色，叶片上有深色斑点。

分布习性 原产我国浙江、安徽、江西，多作红枫砧木栽培，上海有栽培。喜光，耐半阴，喜温暖湿润环境，稍耐寒，喜酸性肥沃土壤。

园林应用 为秋叶斑色类彩叶植物。树姿舒展，枝条常下垂，叶形秀丽，秋叶红艳富有变化。可单株种植于道旁绿化带中或草地上观赏，也可群植于林缘或水边，形成色彩绚烂的彩叶风景林。

1	1. 秀丽槭的枝条
2	2. 秀丽槭丛植景观
3	3. 秀丽槭的叶

三 角 枫

Acer buergerianum

槭树科槭树属

形态特征 落叶乔木，株高可达20m。树皮长片状剥落。单叶对生，叶三裂，裂片向前伸，先端钝尖，基部圆形，裂片全缘或有不规则锯齿。秋叶变为暗红或橙黄。

分布习性 产我国长江中下游地区，日本也有分布。喜温暖湿润，稍耐阴，较耐水湿；耐修剪，萌芽力强。

园林应用 为秋叶单色类彩叶植物。三角枫树姿优雅，树皮斑驳，秋叶艳丽，是良好的园林绿化树种。可用作行道树或庭荫树，也可丛植于草坪和湖边，形成壮观的秋景。

1	
2	
3	4

1. 三角枫植株
2. 三角枫草坪上丛植景观
3. 三角枫广场上点缀
4. 三角枫的叶

茶 条 槭
Acer ginnala
槭树科槭树属

形态特征 落叶小乔木，株高可达6～9m，常作灌木栽培。单叶对生，卵状椭圆形，有时裂为3～5裂，长6～10cm，中裂较大，基部心形或圆形，缘具不规则重锯齿。秋叶变为红或橙色。

分布习性 原种产我国东北和华北地区；俄罗斯、朝鲜及日本也有分布，我国北方地区广泛栽培。喜弱光，耐半阴；耐寒，对土壤要求不严。萌蘖性强，耐修剪。

园林应用 为秋叶单色类彩叶植物。枝叶浓密，秋叶艳丽。可群植于林缘，形成大型彩叶树丛，也可列植修剪成彩叶篱，还可修剪成球形点缀于道旁、草坪边缘或花境中。

	2
	3
1	4

1. 茶条槭的叶
2. 茶条槭树丛
3. 茶条槭路边丛植景观
4. 茶条槭修剪成球形点缀路旁

血皮槭

Acer griseum

槭树科槭树属

形态特征 落叶乔木，株高可达8～10m。3小叶复叶对生，小叶长椭圆形，一侧有不对称粗钝齿，长6～10cm，先端钝，基部常歪斜。秋叶变为橙红到乳黄色；树皮薄片状开裂，卷曲不落，枝条红褐色。

分布习性 原种产我国中西部地区，近年开始引种栽培，北京以南到长江流域地区可露地栽培。喜弱光，耐半阴；耐寒，不耐热，喜酸性肥沃土壤。

园林应用 为秋叶单色类彩叶植物。株形清瘦，叶形秀丽，叶色浓艳，树皮奇特，颇具观赏价值。可孤植于林缘或花境中观赏，也可丛植于草坪边缘，还可列植于公园或居住区道路两侧。

1	3
2	

1. 血皮槭的果
2. 血皮槭的树干
3. 血皮槭的叶

黄栌

Cotinus coggyria var.*cinerea*

漆树科黄栌属

形态特征　落叶灌木或小乔木，株高可达5～8m。单叶互生，卵圆形至倒卵形，长4～8cm，全缘，叶柄较长。秋叶为紫红色；圆锥花序顶生，花小而黄色。

分布习性　产中国华北和中西部高山地区，华北地区广泛栽培。喜光，亦耐半阴；耐寒，耐干旱瘠薄，不耐水湿；对土壤要求不严。对烟尘及二氧化硫污染有较强的抗性。

园林应用　为秋叶单色类彩叶植物。叶形优美，叶色红艳，是北方地区主要秋色叶树种，初夏季节果序犹如烟雾缭绕，也有极高观赏价值。适合与松柏类成片种植于坡岭或台地，形成彩叶风景林，深秋季节形成层林尽染的震撼场景；也可孤植或丛植于草坪、林缘。

1	4
2	5
3	

1. 黄栌的叶
2. 黄栌丛植景观
3. 黄栌孤植景观
4. 北京香山上的黄栌风景林
5. 济南红叶谷的黄栌风景林

火炬树
Rhus typhina
漆树科盐肤木属

形态特征 落叶小乔木，高5～8m。奇数羽状复叶，互生，小叶11～31枚，长椭圆状披针形，长5～13cm，先端锐尖，基部圆，缘有锯齿。果红色，呈圆锥状火炬形。

分布习性 原产北美，我国早年引种，现北方地区广泛栽培。喜光，耐寒，耐旱，耐盐碱，耐瘠薄。根系发达，萌蘖性强。

园林应用 为秋叶单色类彩叶植物。秋叶红艳，果穗大而醒目，且宿存很久。最适合片植于坡岭山地，与叶色较深的常绿针叶树配置形成彩叶风景林，也可做荒山绿化及水土保持树种。因萌蘖性过强，公园、居住区和小庭园应谨慎使用。

1	1. 火炬树的叶
2	2. 火炬树山坡绿化景观
3	3. 火炬树丛植

野漆树
Toxicodendron succedaneum
漆树科漆树属

形态特征 落叶乔木，株高可达8～10m。奇数羽状复叶簇生小枝顶部，小叶对生，9～19枚，长椭圆状披针形，长8～12cm，先端尾尖，基部歪斜，全缘。秋叶亮红至橙红，核果棕黄色，果序下垂。

分布习性 原产中国、日本，印度、马来西亚也有分布，上海有少量栽培。喜光，稍耐寒，耐干旱瘠薄，不耐水湿和盐碱。

园林应用 为秋叶单色类彩叶植物。株型舒展，叶色红艳，但是，接触易致皮肤过敏。可作荒山绿化树种，也可植于缓坡、山岗或草地边缘，形成彩叶景观林。

1	
2	
3	4

1. 野漆树孤植景观
2. 野漆树丛植景观
3. 野漆树彩叶景观林
4. 野漆树的叶和果

白 蜡

Fraxinus chinensis

木犀科白蜡属

形态特征 落叶乔木，株高可达15～20m。奇数羽状复叶，对生，小叶5～9枚，卵圆形或卵状披针形，长3～10cm，先端尖，基部楔形，缘有钝齿。秋叶金黄色。

分布习性 我国东北南部至华南北部均有分布，各地广泛栽培。喜光，耐侧方庇荫，喜温暖，耐寒，耐旱，抗烟尘，耐轻盐碱。深根性，萌蘖力强，生长较快，耐修剪。南方地区有天牛危害。

园林应用 为秋叶单色类彩叶植物。树体端正，树干通直，枝叶繁茂，秋叶金黄。可孤植于草坪或庭园中作主景树，也可列植作行道树，还可用于轻度盐碱地区绿化。

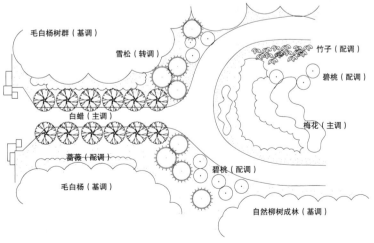

白蜡列植做公园行道树

1	1. 白蜡孤植作主景树
2	2. 白蜡叶

美国白蜡
Fraxinus americana
木犀科白蜡属

形态特征 落叶乔木，高达25～30m。树势雄伟，冠幅达12m。奇数羽状复叶对生，小叶7～9，卵形至卵状披针形，长8～15cm，先端尖，基部圆形至广楔形，全缘或端部少齿。秋叶紫红至橙黄。

分布习性 原产加拿大南部和美国，我国北方地区有引种，从黑龙江南部至广东北部均可生长。喜光，耐侧方庇阴，喜温暖，也耐寒，稍耐水湿，耐旱，抗烟尘，耐轻盐碱。

园林应用 为秋叶单色类彩叶植物。树势雄伟，主干通直，枝叶繁茂，秋叶亮丽。可植于庭院中作庭荫树，也可植于草坪上作主景树，还可植于道路或广场上作行道树。

1	1. 美国白蜡的叶
2	2. 美国白蜡草坪上孤植
3	3. 美国白蜡列植

红苋草红草

Alternanthera paronychioides 'Picta'
苋科莲子草属

形态特征 多年生草本，作一、二年生栽培，株高 10～20cm。单叶对生，叶小，匙状披针形，稍卷曲，叶呈绯红或红褐色。

分布习性 原种产热带中、南美洲，现栽培广泛。喜光，耐旱，不耐涝，不耐寒，宜在15℃以上越冬。

园林应用 植物多矮小，叶色鲜艳，品种丰富，是布置毛毡花坛的好材料，可以与绿苋草、金叶景天、芙蓉菊等植物配置成各种花纹、图案、文字等平面或立面形象。

	2	5
	3	
1	4	6

1. 红苋草用于立体花坛
2. 红苋草的叶
3. 红苋草用于立花坛模纹
4. 红苋草与金叶景天等制作的景观
5. 红苋草用于立体建筑的制作
6. 红苋草是布置毛毡花坛的好材料

雁来红
Amaranthus tricolor
苋科苋属

形态特征 又称三色苋、老来少、老来娇。一年生直立草本，株高30～130cm。单叶互生，椭圆形至卵状披针形，长达20cm。园艺品种较多，叶色变化丰富，幼叶绿色或紫红色，秋季顶生新叶常变为红、黄、粉等多种颜色。

分布习性 原产印度，我国各地有栽培。喜光照充足，耐旱，耐盐碱，不耐寒。

园林应用 优良的观叶植物，主要用于花坛植物成片种植，与其他花卉共同形成各种色块或图案，也可于路边、门前、院落墙角作自然丛植观赏，还可以作为花境中的点缀植物。

1

2
---

1. 雁来红的叶
2. 雁来红用于立体花坛造景

羽衣甘蓝

Brassica oleracea var. *acephala*

十字花科芸薹属

形态特征 又称叶牡丹、彩叶甘蓝。二年生草本，株高30～40cm。叶宽大匙形，平滑无毛，被有白粉，外部叶片呈粉蓝绿色，边缘呈细波状皱褶；叶柄粗而有翼，内叶叶色极为丰富，有紫红、粉红、白、牙黄、黄绿等。

分布习性 原产地中海至北海沿岸，现广泛栽培。喜冷凉，短日照植物，喜阳光，耐盐碱，喜肥沃土壤。

园林应用 株形似牡丹，伏地而生，色彩明亮醒目，为冬季和早春重要的观叶植物。可用于布置花坛，形成规则式图案或模纹变化，也可盆栽室内观赏。

1	1. 羽衣甘蓝的叶
2	2. 羽衣甘蓝形成的模纹图案

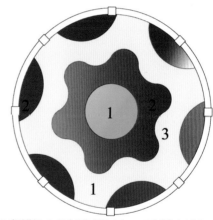

1. 雀舌黄杨　2. 羽衣甘蓝（紫红色）　3. 羽衣甘蓝（乳黄色）

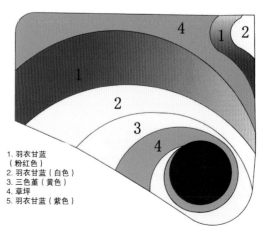

1. 羽衣甘蓝（粉红色）
2. 羽衣甘蓝（白色）
3. 三色堇（黄色）
4. 草坪
5. 羽衣甘蓝（紫色）

四季秋海棠
Begonia semperflorens
秋海棠科秋海棠属

形态特征 多年生草本，常做一年生栽培，株高15～20cm。叶卵形，有光泽，边缘有不规则缺刻，叶有绿、紫红、深褐等色。花有红、橙红、白色等色，有单瓣或重瓣，几乎全年开花。

分布习性 产巴西，我国各地广泛栽培。喜温暖、凉爽环境，喜半阴，不耐寒，不耐高温。喜肥沃、疏松和排水良好的腐叶土或泥炭土。

园林应用 叶有蜡质光泽，花数朵簇生，绚丽多姿，花叶竞艳，清丽高雅。可布置花坛、花带、疏林下或草坪边缘。

1	4	5
2	6	
3		

1. 四季秋海棠的叶
2. 四季秋海棠布置绿化景点
3. 四季秋海棠花丛
4. 四季秋海棠花坛
5. 四季秋海棠用于海豚的制作
6. 四季秋海棠用于立体花坛的制作

彩 叶 草
Coleus spp.
唇形科鞘蕊花属

形态特征 多年生草本植物，常作一、二年生栽培，株高30～50cm，少数品种低至10cm左右，高性品种可达1.2m以上。茎四棱，叶对生，菱状卵形，有深粗齿，叶薄纸质，叶面有黄、红、紫等不同色彩和斑纹。圆锥花序，长达30cm以上。花细小，淡蓝色或淡紫色，花期夏秋。

分布习性 原产亚洲、大洋洲及中非热带和亚热带地区，我国各地有栽培。喜光、稍耐阴，喜温暖湿润环境，稍耐寒。喜疏松肥沃、排水透气性能良好的沙质壤土。

园林应用 彩叶草色彩鲜艳、品种甚多、繁殖容易，为应用较广的观叶花卉，除可作小型观叶花卉陈设外，还可配置图案花坛，也可作为花篮、花束的配叶使用。

	2		4	5	6
			7	8	9
1		3	10	11	12

1. 彩叶草布置花境
2. 彩叶草花丛路边装饰
3、4、5、6、7、8、9、10、11、12. 彩叶草园艺品种

'金叶'番薯
Ipomoea batatas 'Golden Summer'
旋花科番薯属

形态特征　多年生蔓性草本，常做一年生栽培。茎长可达3m，叶掌状全缘或三裂，长5～10cm。全株终年呈黄绿色。

分布习性　原产美国中部地区。喜光照充足，耐热性好，不耐寒，在上海地区冬季不能露地越冬。作温室栽培或一年生栽培，盛夏生长迅速，有良好的下垂生长性能。

园林应用　'金叶'番薯植株繁茂，色彩艳丽，可作为花坛植物成片种植，形成金黄色的色块或模纹；枝条具蔓性，叶片较大，是良好的垂吊植物，可盆栽垂吊观赏。

1	2
3	
4	

1. '金叶'番薯的叶
2. '金叶'番薯的容器绿化
3. '金叶'番薯布置花境
4. '金叶'番薯花柱

银叶菊
Senecio cineraria
菊科千里光属

形态特征 多年生草本，株高15～30cm。茎多分枝，全株密覆白色茸毛。叶匙形或羽状裂叶，正反面均被白色茸毛，叶片缺刻如雪花图案。顶生圆锥聚伞花序，花冠黄色。

分布习性 原产于地中海沿岸，现我国广泛栽培（多作一年生栽培）。喜光，较耐寒，不耐高温，喜疏松肥沃的沙质土壤或富含有机质的黏质土壤。

园林应用 整体叶姿雅致，叶色素雅，优良的观叶植物。适宜盆栽或花坛、花境美化。

1	
2	
3	4

1. 银叶菊的叶
2. 银叶菊花丛
3. 银叶菊花带
4. 银叶菊立体花坛布置

紫御谷
Pennisetum glaucum 'Purple Majesty'
禾本科狼尾草属

形态特征 又称观赏谷子、珍珠粟。一年生草本植物，株高1～1.5m。茎直立，全株均为紫黑色。叶片宽条形，基部几呈心形。圆锥花序紧密呈柱状，主轴硬直，密被茸毛。

分布习性 原产非洲，现北京、上海、杭州等地有栽培。喜阳，耐半阴，耐干旱瘠薄。喜疏松、肥沃的壤土。

园林应用 叶色雅致，是近年来常见的观叶植物，适合公园、绿地的路边、水岸边、山石边或墙垣边片植观赏，也可与其他观赏草配置组成花境。

	2
1	3

1. 紫御谷花丛
2. 紫御谷用于花境布置
3. 紫御谷的叶和花

8 第八章 多年生彩叶草本植物

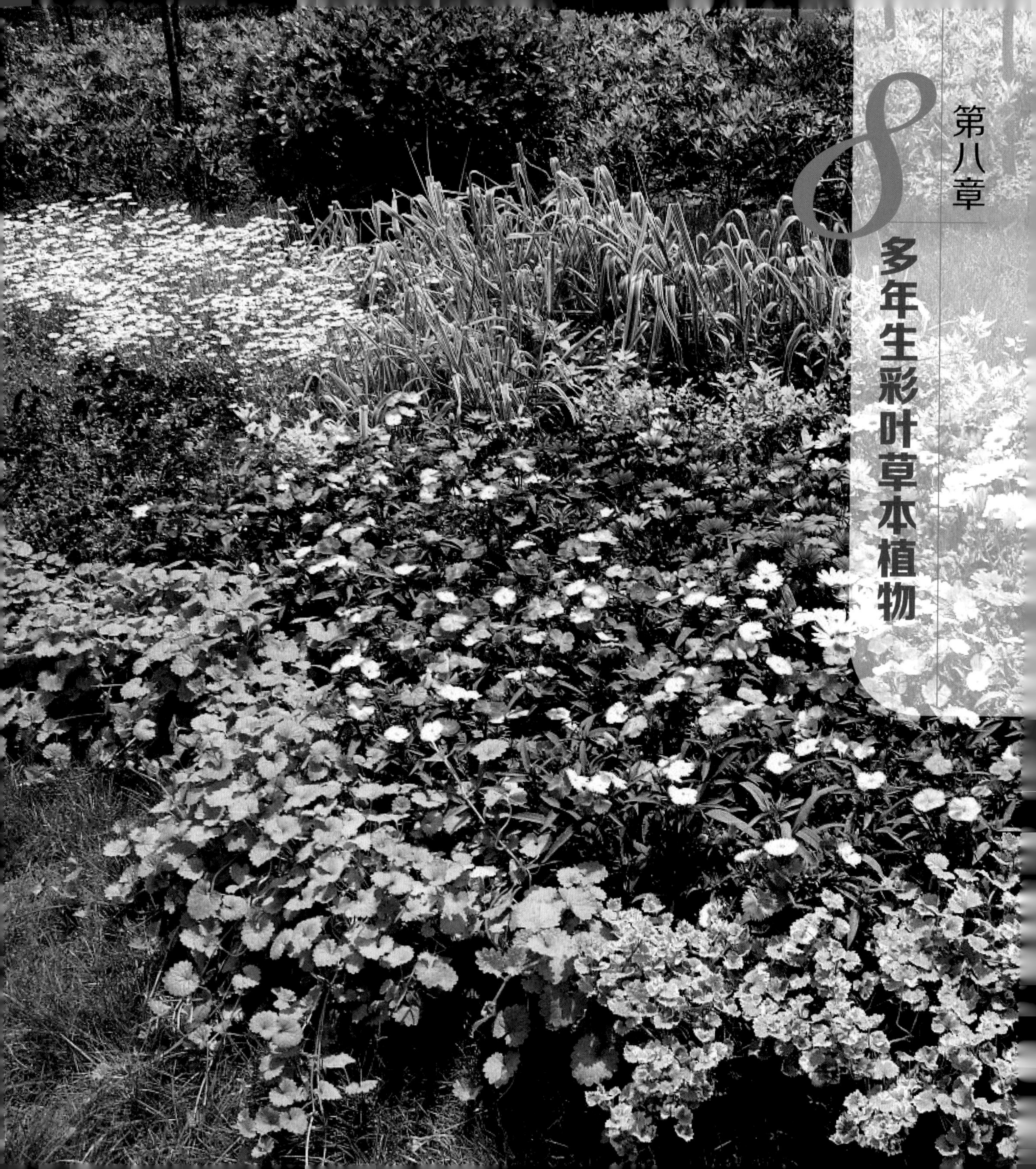

'变色龙'鱼腥草
Houttuynia cordata 'Chameleon'
三白草科蕺菜属

形态特征　多年生草本，株高15～35cm。叶卵形至心形，全缘，叶面色彩变化较丰富，叶缘有淡黄色和粉红色斑纹。全株具有鱼腥味。

分布习性　引自美国，我国华东地区和华南地区有栽培。喜高温多湿，光照充足，若光照不足，则叶子会变成绿色，故称之为"变色龙"。对土壤要求不严。

园林应用　叶色多变，可用于花境、水边绿化或盆栽观赏。

1	1. '变色龙'鱼腥草花
2	2. '变色龙'鱼腥草

冷 水 花
Pilea cadierei
荨麻科冷水花属

形态特征 多年生草本，株高25～65cm。叶交互对生，卵状椭圆形，先端尖，叶缘有浅锯齿，叶面具光泽，叶绿色，上有白色斑纹。

分布习性 我国南方地区有栽培。性喜温暖湿润气候，有较强的耐阴性。

园林应用 株丛小巧素雅，叶色绿白分明，纹样美丽。在温暖地区可植于林下或路边作地被植物，也可用于室内盆栽和吊盆观赏。

| 1 |
| 2 |
| 3 |

1. 冷水花的花
2. 冷水花的叶
3. 冷水花路边作地被

'红龙'草
Alternathera dentata 'Ruliginosa'
苋科莲子草属

形态特征 多年生直立草本，株高15～30cm。茎紫褐色，叶对生，椭圆形，叶色紫红至紫黑色，极为雅致。头状花序密聚成粉色小球，无花瓣。

分布习性 原产南美，我国华东、华南等地区有栽培。喜光，稍耐阴，不耐寒，耐酷暑。

园林应用 叶色美丽，萌发力强，生长迅速，景观形成时间短，宜植于花坛、花境、花带或花箱。

	2
1	3

1. '红龙'草花丛路边点缀
2. '红龙'草与置石造景
3. '红龙'草的叶和花

赤 胫 散
Polygonum runcinatum var. *sinensis*
蓼科蓼属

形态特征 多年生草本，株高20～50cm。茎略带紫红色。叶互生，卵形或三角状卵形，叶柄基部常成耳状抱茎。春季叶和叶脉为暗紫色，上部有白色斑纹，后来仅中央和主脉为紫红色。花白色或粉红色，花期6～8月。

分布习性 分布我国陕西、甘肃及长江以南地区。喜阴湿，耐半阴，较耐寒。喜湿润、排水良好的沙壤土。

园林应用 适宜布置花境、路边或栽植于疏林下。

| 1 |
| 2 |
| 3 |

1. 赤胫散的叶
2. 赤胫散路边丛植景观
3. 赤胫散林缘丛植景观

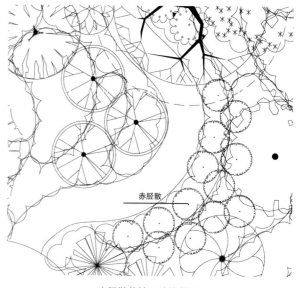

赤胫散栽植于路边林下

'金叶'佛甲草
Sedum lineare 'Aurea'
景天科景天属

形态特征 多年生常绿草本，株高10～20cm。茎纤细而光滑，肉质多汁，柔软，匍匐生长。叶3片轮生，长圆形，黄绿色，鲜亮，肉质。

分布习性 我国东北、华北、华东地区有栽培。喜光,耐旱,耐热,耐阴,耐寒,怕涝,不择土壤。

园林应用 叶片靓丽，可用于屋顶绿化、岩石园布置，也可用于立体花坛的制作或盆栽观赏。

	2
	3
1	4

1. '金叶'佛甲草用于绿墙景观
2. '金叶'佛甲草的叶
3. '金叶'佛甲草用于立体花坛的制作
4. 用'金叶'佛甲草制作的艾菲尔铁塔

'金叶'景天
Sedum makinoi 'Aurea'
景天科景天属

形态特征 多年生常绿草本，株高5～10cm。枝、叶极短小，紧密，匍匐于地面。叶圆形，金黄色，鲜亮，肉质。

分布习性 我国上海、北京等地有栽培。喜光、稍耐阴，耐旱，耐寒性差，忌水涝。

园林应用 优良的彩叶地被植物，可用于岩石园布置，也可用于立体花坛的制作或盆栽观赏。

1
2
3

1. '金叶'景天的叶
2. '金叶'景天绿化景点制作
3. '金叶'景天用于立体花坛的制作

'胭脂红'景天
Sedum spurium 'Coccineum'
景天科景天属

形态特征 多年生草本，株高5～10cm。茎匍匐，光滑。叶对生，肉质，卵形至楔形，叶缘上部锯齿状，叶色深绿后变成胭脂红色，冬季为紫红色。

分布习性 产于欧洲高加索地区。'胭脂红'景天为国外近年引进的景天科植物，我国上海、北京、辽宁等地有栽培。喜光，较耐寒，耐旱，忌水湿。对土壤肥力要求不高，喜排水良好的土壤。

园林应用 叶片靓丽，可广泛栽植于公园、屋顶各处裸露的空地，是作为花境、立体花坛、岩石园布置的优良植物。

1
2
3

1. '胭脂红'景天的叶
2. '胭脂红'景天用于人物造型制作
3. '胭脂红'景天用于立体花坛制作

'紫叶'小花矾根
Heuchera micrantha 'Palace purple'
虎耳草科矾根属

形态特征 多年生常绿草本。株高15～20cm。茎匍匐,掌状3小叶,倒卵形,叶深紫色。花白色,花期5～6月。

分布习性 本品种由欧洲引进,我国上海、北京等地有栽培。喜光,耐半阴,较耐寒,不耐高温干旱。喜湿润、排水良好的土壤。

园林应用 园林中多用于林下花境、地被、庭院绿化等。

1
2
3

1. '紫叶'小花矾根的叶
2. '紫叶'小花矾根花丛
3. '紫叶'小花矾根用于花境布置

虎耳草
Saxifraga stolonifera
虎耳草科虎耳草属

形态特征 又称金线吊芙蓉。多年生草本，株高15～35cm。有匍匐茎，全株被疏毛。叶片肉质，圆形或肾形，边缘波浪状有钝齿，上面绿色，常有白色斑纹，下面紫红色，两面被柔毛。圆锥花序，花小，白色，花期4～5月。

分布习性 产我国秦岭以南地区。喜半阴、凉爽环境，不耐高温干燥。

园林应用 可用于林下地被、岩石园绿化, 盆栽观赏。

1
2
3

1. 虎耳草的叶
2. 虎耳草的花
3. 虎耳草用于林下地被

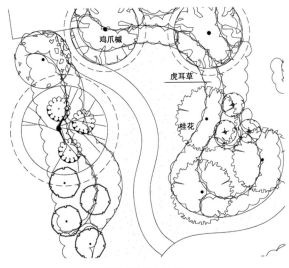

虎耳草作林下地被

'紫叶'山桃草

Gaura lindheimeri 'Crimson Bunerny'

柳叶菜科山桃草属

形态特征 又称紫叶千鸟花。多年生宿根草本，株高80～130cm。全株具粗毛，多分枝。叶片紫色，披针形，先端尖，缘具波状齿。穗状花序顶生，细长而疏散，花小而多，粉红色，花期5～11月。

分布习性 我国华东地区有栽培。性耐寒，喜凉爽及半湿润环境。要求阳光充足，喜疏松、肥沃、排水良好的沙质壤土。

园林应用 '紫叶'山桃草全株呈现靓丽的紫色，花多而繁茂，婀娜轻盈，是新型观叶观花植物。可用于花园、公园、绿地中的花境，或作地被植物群栽，或用于点缀草坪，效果甚好。

1
2
3

1. '紫叶'山桃草植株
2. '紫叶'山桃草用于模纹植物景观的制作
3. '紫叶'山桃草布置于花境中

'紫叶'酢浆草
Oxalis violacea 'Purpule Leaves'
酢浆草科酢浆草属

形态特征 多年生草本，株高15～30cm。叶基生，掌状复叶，小叶3枚，无柄，倒三角形，叶紫红色。花淡粉色或淡紫色，花期10～11月。

分布习性 产南美巴西，我国南北各地有栽培。喜湿润、半阴且通风良好的环境，也耐干旱，较耐寒，温度低于5℃时，植株地上部分受损。适宜于排水良好的疏松土壤。

园林应用 '紫叶'酢浆草的三角状紫红色叶片非常吸引人，白色、浅粉红色小花烂漫可爱。盆栽用来布置花坛、点缀景点，装饰阳台，地栽作地被植物，群体效果好，线条清晰，其鲜艳的叶色，素雅的小花常开不断，给人以清新活泼的感受。

1
2

1. '紫叶'酢紫草的叶和花
2. '紫叶'酢紫草用于花境布置

'紫叶'鸭儿芹

Cryptotaenia japonica 'Atropurpurea'
伞形科鸭儿芹属

形态特征 多年生草本，株高30～70cm，呈叉式分枝。叶片广卵形，暗红色，中间小叶片菱状倒卵形，两侧小叶片斜倒卵形，小叶片边缘有锯齿或有时2至3浅裂。整个花序呈圆锥形，花期4～5月。

分布习性 我国长江以南有栽培。不耐高温，较耐低温，喜土壤肥沃、结构疏松、通气良好、环境阴湿、微酸性的沙质壤土。

园林应用 园林中多用于林下花境、地被、庭院绿化等。

1
2
3

1. '紫叶'鸭儿芹的叶
2. '紫叶'鸭儿芹作地被
3. '紫叶'鸭儿芹用于庭园绿化

211

'金叶'牛至
Origanum vulgare 'Aureum'
唇形科牛至属

形态特征 多年生常绿草本，株高15～35cm。全株具芳香，叶对生，卵形或矩圆状卵形，叶黄绿色。夏天开紫红色至白色的唇形花，呈伞房状圆锥花序。

分布习性 我国上海、杭州、北京等地有栽培。喜光，耐瘠薄，喜碱性土，宜植于排水良好处。

园林应用 优良的彩叶地被植物，可用于岩石园布置，也可用于花境布置或盆栽观赏。

1	1.'金叶'牛至
2	2.'金叶'牛至用作地被

绵毛水苏
Stachys lanata
唇形科水苏属

形态特征 多年生宿根草花，株高35～40cm，全株被白色棉毛，莲座状叶丛呈毛毯状。叶片对生，椭圆状卵形至宽披针形，全缘，银灰色的叶片柔软而富有质感。穗状花序，小花粉紫色，花期6～8月。

分布习性 原产巴尔干半岛、黑海沿岸至西亚，现广泛栽培。喜光，耐热，耐寒性强，宜种在排水良好的土壤中。

园林应用 适合大面积地栽作为色块，也可在容器组合栽植中作为配材或花坛中的镶边材料，有时也用在花境中。

1	
2	
3	4

1. 绵毛水苏用于绿化景点
2. 绵毛水苏用于花境
3. 绵毛水苏花丛
4. 绵毛水苏的叶

'花叶'薄荷
Mentha rotundifolia 'Variegata'
唇形科薄荷属

形态特征 又称凤梨薄荷。多年生常绿草本，株高30～50cm，芳香植物。叶对生，椭圆形至圆形，边缘具圆齿，叶表多皱缩，叶色深绿，叶缘有较宽的乳白色或淡黄色斑。总状花序，白色，花期7～9月。

分布习性 原种分布在中欧、中亚及阿尔泰等地。'花叶'薄荷适应性较强，喜温暖湿润环境，在全光照下香味浓郁，耐寒，耐旱。以肥沃的沙壤土为宜。

园林应用 花叶薄荷叶色秀雅，全株具有香气，可用于布置花境，或成丛种植于路边、岩石边、草坪边缘等，亦可盆栽观赏。

1
2
3

1. '花叶'薄荷
2. '花叶'薄荷丛植于路边
3. '花叶'薄荷成丛种植于草坪边缘

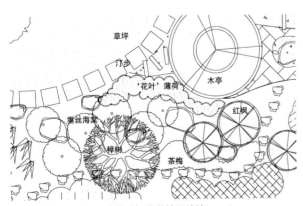

'花叶'薄荷植于路边

'花叶'欧亚活血丹
Glechoma hederacea 'Variegata'
唇形科活血丹属

形态特征 多年生常绿草本，具匍匐茎，节上生根，高约10cm。叶对生，肾形，叶缘具白色斑块，冬季经霜变微红。轮伞花序，花冠紫色，下唇具深色斑点，花期5月。

分布习性 原产欧洲，我国长三角地区有栽培。喜光照充足，也耐阴，耐寒。要求湿润且排水良好的土壤。

园林应用 覆盖性强，生性强健，宜作疏林下或水边的地被植物，也可作花境镶边材料，或悬吊盆栽观赏。

1
2
3

1. '花叶'欧亚活血丹
2、3. '花叶'欧亚活血丹作花境镶边材料

匍匐筋骨草
Ajuga reptans
唇形科筋骨草属

形态特征　多年生常绿草本，株高10～20cm。茎基部匍匐，叶倒卵形，边缘有波状粗齿，叶片为绿色和紫褐色相间。轮伞花序多花，密集成顶生穗状花序，花冠唇形，蓝色，花期3～5月。

分布习性　原产美国。生性强健，喜半阴和湿润的环境，耐寒。在酸性、中性土壤中生长良好。

园林应用　叶片紫色，花序多花，覆盖性强；适宜作地被植物，也可布置花境边缘。

1
2
3

1. 匍匐筋骨草的叶
2. 匍匐筋骨草的花
3. 匍匐筋骨草用作地被

'紫叶'车前草
Plantago major 'Purpurea'
车前草科车前草属

形态特征 多年生草本，株高20～30cm。根茎短缩肥厚，密生须状根。叶片基生，薄纸质，紫色，卵形至广卵形，边缘波状。

分布习性 我国上海、江苏、北京等地有栽培。喜向阳、湿润的环境，耐寒、耐旱。对土壤要求不严，一般土壤均可种植。

园林应用 '紫叶'车前草全株亮紫色，可用于布置花境，种在林边、路边、庭院中点缀或作镶边植物；带状种植于其他灌木边缘；也可布置在岩石园或溪边、河岸及浅水区，增添水景的色彩。

1
2
3

1. '紫叶'车前草
2. '紫叶'车前草作镶边植物
3. '紫叶'车前草布置岩石园

银香菊

Santolina chamaecyparissus

菊科银香菊属

形态特征　多年生常绿草本，株高30～50cm。枝叶密集，新梢柔软，具灰白柔毛，叶银灰色。花黄色，钮扣状，芳香。

分布习性　我国上海、杭州等地有栽培。喜光，耐旱，耐瘠薄，耐高温。

园林应用　银白色叶片为炎热的夏季带来清凉的感觉，宜栽植于花境、岩石园、花坛等。

1
2
3

1. 银香菊的花
2. 银香菊的叶
3. 银香菊花丛布置庭园景观

朝雾草
Artemisia schmidtiana
菊科艾属

形态特征 又称银叶草。多年生草本，株高15～30cm。植株匍匐生长，容易形成垫状。叶片互生，叶片羽状细裂，质感纤细，叶表覆满银白色绢毛。

分布习性 原产于日本本州中部以北及俄罗斯东部，生长于山地至海岸线的岩石地。喜好全日照环境，稍具耐旱性，耐寒。适宜排水良好的土壤。

园林应用 朝雾草株型紧凑，姿态纤细、优美，银白色的叶片给人以玲珑剔透的美感，主要用于花坛、花境，也可盆栽观赏。

1	
2	
3	

1. 朝雾草
2. 朝雾草用于高山流水景点的制作
3. 朝雾草用于天坛造型景点的制作

'黄斑'大吴风草

Farfugium japonica 'Aureomaculatum'
菊科大吴风草属

形态特征 又称'花叶'大吴风草、'花叶'如意。多年生草本植物，株高20～40cm。具块状根茎，叶基生，有长柄，肾形，叶缘有锯齿，绿色，有黄色斑点。花梗直立，高20～60cm，头状花序顶生，花黄色，花期秋季。

分布习性 我国华东、华北地区有栽培。喜半阴和湿润环境，耐寒，在江南地区能露地越冬，怕阳光直射。生长期不需修剪，长势极其旺盛。对土壤适应性较好，以肥沃疏松、排水好的壤土为宜。

园林应用 '花叶'如意株型饱满、叶型秀美、色彩斑斓，颇受人们喜爱。适合丛植花境中、落叶树下，形成独特的景观。也可作地被大面积栽植于耐阴处，以丰富城市绿化中耐阴地被材料。

1

2
---

1. '黄斑'大吴风草的叶
2. '黄斑'大吴风草用作林下地被

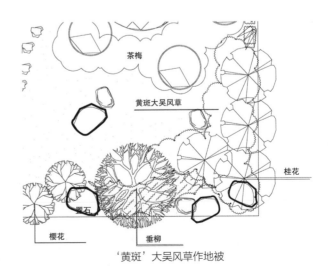

'黄斑'大吴风草作地被

'金叶'金钱蒲

Acorus gramineus 'Ogon'

天南星科菖蒲属

形态特征　多年生常绿草本，株高20～30cm。根状茎地下匍匐横走。叶基生，线形，叶长10～30cm，金黄色叶片有绿色条纹。肉穗花序圆柱形，浅黄色，花期4～5月。

分布习性　我国长江流域及以南各地有栽培。喜光亦耐阴，耐寒，喜湿润，上海可露地过冬。

园林应用　'金叶'金钱蒲叶片纤细，色彩明亮，可栽于池边、溪边、岩石旁，片植作林下阴湿地被，也可作花坛、花境的镶边材料或盆栽观赏。

| 1 |
| 2 |
| 3 |

1. '金叶'金钱蒲的叶
2. '金叶'金钱蒲片植作地被
3. '金叶'金钱蒲用于花境布置

紫叶鸭跖草
Setcreasea purpurea
鸭跖草科紫叶鸭跖草属

形态特征 又称紫叶草、紫竹梅。多年生草本，株高20～30cm。茎下垂或匍匐，每节有一叶。叶基抱茎，披针形。茎与叶均为紫褐色，被有短毛。春夏季开花，花色桃红。

分布习性 原产美洲墨西哥，现各地广为栽培。喜温暖、湿润，喜阳光充足，不耐寒。对土壤要求不严，以疏松土壤为宜。

园林应用 园林中多用于花境、地被、盆栽观赏等。

1
2
3

1. 紫叶鸭跖草的叶和花

2. 紫叶鸭跖草作地被

3. 紫叶鸭跖草作模纹图案

吊 竹 梅
Zebrina pendula
鸭跖草科吊竹梅属

形态特征 又称吊竹兰、紫斑鸭跖草。多年生常绿草本，株高25～50cm。茎基部匍匐，上部斜生，分枝力强。叶半肉质，无柄，单叶互生，叶椭圆状卵形，全缘，表面紫绿色，杂以银白色条纹，叶背紫红色。花紫红色，数朵聚生于小枝顶端的两枚叶状苞片内，夏季开花。

分布习性 原产南美洲，现我国各地广为栽植，在华东南部、华南和西南南部可以露地越冬。喜温暖、湿润和半阴的环境。不耐寒，怕强光和高温，耐水湿，不耐干旱。

园林应用 吊竹梅是极好的观叶地被，可成片用于城市广场、公园绿地，或用于花坛布置及装饰岩石缝隙。盆栽点缀室内花园、宾馆大厅或居室窗台，枝柔悬垂，色彩醒目，异常壮丽。

1
2
3

1. 吊竹梅的叶
2. 吊竹梅盆栽点缀花园
3. 吊竹梅作观叶地被

'金叶'苔草
Carex oshimensis 'Evergold'
莎草科苔草属

形态特征　多年生常绿草本。株高20～30cm。叶披针形，中间有黄色条纹，两侧为绿色。穗状花序，花期4～5月。

分布习性　近年由国外引进品种，我国上海、杭州等地有栽培。喜光，耐半阴，不耐热，不耐涝，较耐寒，怕积水，对土壤要求不严，适应性强。

园林应用　观叶地被植物，可用于布置花境、花坛镶边或点缀庭院。

1
2
3

1. '金叶'苔草的叶
2. '金叶'苔草与置石造景
3. '金叶'苔草用于花境

棕红苔草
Carex buchananii
莎草科苔草属

形态特征 多年生常绿草本，株高30～50cm。丛生而直立，叶片细长，质地粗糙，宽4mm左右，棕红色。

分布习性 近年由国外引进品种，我国华北、华东、东北等地有栽培。喜光，耐半阴，性强健。对土壤要求不高，耐盐碱，耐寒至-15℃。

园林应用 观叶地被植物，可用于布置花境、花坛镶边或点缀庭院。

1	1. 棕红苔草
2	2. 棕红苔草用于观赏草花境

血 草

Imperata cylindrica 'Rubra'

禾本科白茅属

形态特征 多年生草本，株高20～50cm。秆直立，叶丛生，剑形，血红色。圆锥花序，小穗银白色，花期夏末。

分布习性 我国长三角地区广为栽培。喜阳、耐热、耐湿，喜湿润且排水良好的土壤。

园林应用 一种优良的彩叶观赏植物，常用来布置花境，搭配色带、色块或点缀岩石园。

1
2
3

1. 血草的叶和花
2. 血草丛植景观
3. 血草布置色块

'紫叶' 狼尾草
Pennisetum setaceum 'Rubrum'
禾本科狼尾草属

形态特征 多年生草本，株高50～80cm。叶狭长，质感细腻，全年紫红色。穗状总状花序密生，紫红色，花序观赏性能保持到晚秋至初冬。

分布习性 我国上海、浙江、北京等地有栽培。喜光，耐寒，耐瘠薄，对土壤要求不严。

园林应用 '紫叶' 狼尾草株型优美，花序颜色淡雅且富于变化，可孤植或丛植布置花镜、岩石园，也可在水边点缀及成排种植形成优美的边界屏障。

1	
2	
3	4

1. '紫叶' 狼尾草布置花坛
2. '紫叶' 狼尾草布置花境
3. '紫叶' 狼尾草成排种植形成边界屏障
4. '紫叶' 狼尾草的叶和花序

'花叶'燕麦草

Arrhenatherum elatius 'Variegatum'
禾本科燕麦草属

形态特征 又称条纹燕麦草、丽蚌草、银边草。多年生草本，株高20～40cm。须根发达，茎簇生，株丛高度一致。叶线形，长30cm，宽1cm，叶片中肋绿色，两侧呈乳黄色，夏季两侧由乳黄色转为黄色。圆锥花序，花期6～7月。

分布习性 我国北京、上海等地有栽培。喜凉爽湿润的气候，喜阳，极耐寒，在冬季-10℃时生长良好，也能耐一定的炎热高温，耐旱。喜湿润的土壤，忌水涝。

园林应用 宜作花境镶边材料，或作地被植物成片栽植，也可点缀岩石园、小路旁。

1
2
3

1. '花叶'燕麦草的叶
2. '花叶'燕麦草用于花境
3. '花叶'燕麦草用作地被

'埃丽' 蓝羊茅
Festuca glauca 'Elijah Blue'
禾本科羊茅属

形态特征 多年生冷季型草，株高30～40cm，植株直径40cm左右。叶密集丛生，叶片纤细，呈蓝绿色，具银白霜，春、秋季节为蓝色。圆锥花序，长10cm，花期5月。

分布习性 本品种近年由国外引入，我国长三角地区及北京等地有栽培。喜光，稍耐寒，不耐热，耐干旱贫瘠，忌高温高湿。中性或弱酸性疏松土壤长势最好，稍耐盐碱。

园林应用 植株低矮密集，绿期长，蓝色叶奇幻美丽。适宜布置花境，点缀岩石园，也可作观赏草草坪。特别注意的是蓝羊茅应该种植在阳光直射的地方，不宜应用于阴蔽处。

1	
2	
3	4

1. '埃丽' 蓝羊茅美化挡土墙
2. '埃丽' 蓝羊茅点缀岩石园
3. '埃丽' 蓝羊茅路边丛植
4. '埃丽' 蓝羊茅

'花叶'芒
Miscanthus sinensis 'Variegatus'
禾本科芒属

形态特征　多年生草本，株高1.5～1.8m。株丛拱形，叶纤细，浅绿色叶片上镶嵌着奶白色条纹。圆锥花序顶生，红褐色，花期9～10月。

分布习性　原产于欧洲地中海地区，适宜在我国华北地区以南种植。喜光，耐半阴、耐寒、耐旱也耐涝，全日照至轻度阴蔽条件下生长良好，适应性强，不择土壤。

园林应用　主要作为园林景观中的点缀植物，可单株种植、丛植或片植。可用于花境、岩石园，假山置石边、水边等。

其他品种

'斑叶'芒 *Miscanthus sinensis* 'Zebrinus'，株高1～2m，茎秆密集，叶片有不规则的横斑纹。

1	3	4
	5	6
2	7	

1. '花叶'芒
2. '斑叶'芒的花序
3. '斑叶'芒
4. '斑叶'芒路边点缀
5. '花叶'芒片植景观
6. '花叶'芒用于观赏草花境
7. 不同种的观赏草配置分割空间

花叶玉带草

Phalaris arundinacea var. *picta*

禾本科虉草属

形态特征 多年生宿根草本，株高30～60cm，具匍匐根状茎。叶扁平，线形，浅绿色叶片间具白色或黄色条纹，质地柔软。圆锥花序，分枝细长，花期6～7月。

分布习性 原产北美及欧洲，我国南北各地广为栽培。喜温暖湿润的环境，耐寒，耐热，耐水湿，不择土壤，耐干旱瘠薄。

园林应用 叶片密布银白色条纹，似玉带，绿期长，适应性强，是一种优良的观赏草；适宜布置花境或地被栽植，也可点缀岩石园。

1
2
3

1. 花叶玉带草
2. 花叶玉带草路边装饰
3. 花叶玉带草作地被栽植

花叶芦竹
Arundo donax var. *versicolor*
禾本科芦竹属

形态特征 又称斑叶芦竹、彩叶芦竹。多年生挺水植物，株高1～3m。地下根状茎粗而多节，地上茎由分蘖芽抽生，通直有节，丛生。叶互生，斜出，排成二列，披针形，弯垂，叶基鞘状而抱茎，具黄色或白色条纹。圆锥花序顶生，大型羽毛状，花期9～10月。

分布习性 原产地中海一带，现国内已广泛种植。喜光、喜温、耐湿，也较耐寒。对土壤要求不严，喜肥沃的土壤。

园林应用 植株挺拔，叶色亮丽；宜植于河岸边，丛植于桥头、亭旁，或点缀石景；也可布置花境背景。

1	
2	
3	4

1. 花叶芦竹片植水边
2. 花叶芦竹丰富水岸边色彩
3. 花叶芦竹孤植桥头
4. 花叶芦竹布置花境

'银叶'蒲苇

Cortaderia selloana 'Silver Coment'

禾本科蒲苇属

形态特征 多年生常绿草本，株高1.2~1.5m。秆密集，直立。叶丛生于秆基部，长约1m，宽约2cm，质硬，下垂，边缘有银白色，缘有锯齿。圆锥花序直立，羽状，长30~60cm，银白色至粉红色，花期9~10月。

分布习性 原产南美，适宜华北、华中、华东等地区栽培。喜光，耐半阴，耐寒，忌涝。对土壤要求不严，但在肥沃疏松、土层深厚的环境下生长良好。

园林应用 '银叶'蒲苇花穗长而美丽，庭院栽培壮观而雅致，或植于岸边，入秋赏其银白色羽状穗的圆锥花序。也可用作干花，或观赏草专类园内使用，具有优良的生态适应性和观赏价值。

1	1. '银叶'蒲苇叶片
2	2. '银叶'蒲苇

'花叶'芦苇
Phragmites communis'Variegatus'
禾本科芦苇属

形态特征 多年生草本，株高2～5m。茎秆粗壮，簇生。叶片广披针形，长50～60cm，淡灰绿色，秋季变为黄色，叶边缘具乳黄色条纹。圆锥花序，长10～40cm，微下垂，花期7～10月。

分布习性 我国北京、上海等地有栽培。喜光，耐寒，耐干旱，耐盐碱，喜湿润肥沃土壤。

园林应用 '花叶'芦苇茎秆直立，叶色亮丽，花序美丽，迎风摇曳，野趣横生。园林中适于孤植或丛植于水边，也可成片种植，形成芦苇荡。

1	
2	
3	4

1. '花叶'芦苇孤植水边
2. '花叶'芦苇片植于桥边
3. '花叶'芦苇岸边风光
4. '花叶'芦苇的叶

'金脉'美人蕉
Canna generalis 'Striata'
美人蕉科美人蕉属

形态特征 又称线叶美人蕉、花叶美人蕉。多年生草本，株高50～80 cm。株型直立，叶互生，柄鞘抱茎，卵状披针形，表面具有乳黄色平行脉线，黄绿相间，条纹清晰、均匀，分布有序，色泽鲜明。花橙色，总状花序顶生，花期春末到夏季。

分布习性 我国长江以南地区可露地栽培。喜光，耐半阴，不耐寒，怕积水，喜温暖湿润气候及肥沃土壤。

园林应用 '金脉'美人蕉叶姿优美，平行脉呈金黄色，在卷而欲舒的新叶上，若彩妆翠袖嵌上了金线。可作花境的背景或在花坛中心栽植，也可成丛状或带状种植在水边、林缘、草坪边缘或台阶两旁，在开阔式绿地内大面积种植更能体现其独到之美。

其他品种

'紫叶'美人蕉 'America' 丛生，株高70～100cm。叶紫色或棕色。夏季开花，花色深红色。

1	4	5
2	6	
3		

1. '金脉'美人蕉
2. '金脉'美人蕉花丛路边点缀
3. '金脉'美人蕉布置花境
4. '紫叶'美人蕉路缘装饰
5. '紫叶'美人蕉路边带状种植
6. '金脉'美人蕉水边带状种植

'三色'竹芋

Calathea oppenheimiana 'Tricolor'

竹芋科肖竹芋属

形态特征 又称'三色'栉花竹芋。多年生草本，株高40～60cm。基生叶丛生，叶片具长柄，叶片披针形至长椭圆形，纸质，全缘。叶面深绿色，具淡绿、白色、淡粉红色羽状斑纹，叶背紫红色。

分布习性 我国南方地区有栽培。喜温暖湿润和光线明亮的环境，不耐寒，也不耐旱，怕烈日暴晒，若阳光直射会灼伤叶片，使叶片边缘出现局部枯焦，新叶停止生长，叶色变黄。

园林应用 叶上斑纹色彩丰富，常丛植或群植于路边、树下、草坪上、假山置石旁等，亦可盆栽室内观赏。

同属其他种

孔雀竹芋 *Calathea makoyana*，叶卵状椭圆形，在主脉侧交互排列长椭圆斑纹，似孔雀羽毛。

彩虹竹芋 *Calathea roseopicta*，叶椭圆形或卵圆形，叶面青绿色，叶脉青绿色，羽状侧脉两侧间隔着斜向上的浅绿色斑条，近叶缘处有银白色环形斑纹，如同一条彩虹，故名彩虹竹芋。

1	3	4
2	5	

1. 彩虹竹芋
2. 孔雀竹芋
3. '三色'竹芋丛植于路边
4. '三色'竹芋丛植于草坪上
5. 孔雀竹芋、彩虹竹芋等形成的室内景观

'花叶'艳山姜

Alpinia zerumbet 'Variegata'
姜科山姜属

形态特征 又称'花叶'良姜、彩叶姜、斑纹月桃。多年生常绿草本，株高1～2m，具根茎。叶革质具鞘，长椭圆形，两端渐尖，叶长约50cm，宽约15～20cm，叶面深绿色，并有金黄色的纵斑纹、斑块，富有光泽。圆锥花序下垂，苞片白色，边缘黄色，顶端及基部粉红色，花萼近钟形，花冠白色，花期夏季。

分布习性 原产于亚热带地区，我国东南部至南部有分布，现在各地城市均有栽培。喜高温高湿的环境，喜明亮的光照，但也耐半阴。较耐寒，但不耐严寒，忌霜冻，当温度低于0℃时，植株会受冻害致死。喜肥沃而保湿性好的土壤。

园林应用 '花叶'良姜叶色艳丽，十分迷人；花姿优美，花香清纯，是非常有观赏价值的观叶观花植物。既可以盆栽种植，亦可露地栽培于室外，如庭院、池畔、公园等处作为点缀植物。衬托在蜡石下，给人生机盎然之感。种植在溪水旁或树荫下，又能给人回归自然，享受野趣的快乐。

	2
	3
1	4

1. '花叶'艳山姜点缀草坪
2. '花叶'艳山姜丛植于路边
3. '花叶'艳山姜点缀水岸边
4. '花叶'艳山姜丛植于墙隅

'黑龙'沿阶草

Ophionpogon planiscapus 'Nigrescens'

百合科沿阶草属

形态特征 又称黑麦冬。多年生常绿草本，株高5～10cm。叶线形，有光泽，黑绿色，革质。花小，顶生总状花序，白色至淡紫色，花期5～7月。

分布习性 我国华东、华南等地有栽培。喜半阴，稍耐寒，喜阴湿。对土壤要求不严。

园林应用 园林中多用作地被或盆栽观赏。

1	
2	
3	4

1. '黑龙'沿阶草用于花境
2. '黑龙'沿阶草用作地被
3. '黑龙'沿阶草植株
4. '黑龙'沿阶草的叶和花

'金边'阔叶麦冬
Liriope muscari 'Variegata'
百合科麦冬属

形态特征 多年生常绿草本，株高25~50cm。叶基生，密集成丛，革质，叶线形，宽约2cm，绿色镶嵌金色条纹。花葶直立，稍高于叶丛，总状花序，花蓝紫色。

分布习性 我国华北、华东地区有栽培，长江以南可露地栽培。喜湿润、肥沃的土壤和半阴的环境，耐阴湿，耐旱，稍耐寒。

园林应用 '金边'阔叶麦冬既可观叶，也能观花，是现代景观园林中优良的林缘、草坪、水景、假山、台地修饰类彩叶地被植物；也可布置花境，点缀岩石园。

1	3	4
2	5	6

1. '金边'阔叶麦冬的叶
2. '金边'阔叶麦冬的花序
3. '金边'阔叶麦冬作地被
4. '金边'阔叶麦冬作镶边植物
5. '金边'阔叶麦冬水边点缀
6. '金边'阔叶麦冬用于花境

'金边' 阔叶麦冬花丛

'银纹'沿阶草
Ophiopogon intermedius 'Argenteo-marginatus'
百合科沿阶草属

形态特征 多年生常绿草本，株高30～40cm。叶基生，线形，宽约1cm，上有数条粗细不等的银白色条纹。花葶短于叶丛，稍下弯，总状花序，白色，花期6～7月。

分布习性 华南地区广泛栽培，华东可露地越冬。喜温暖、湿润气候，喜半阴，不耐寒，不耐旱。对土壤要求不严。

园林应用 '银纹'沿阶草自然雅致，别具一格，为较好的阴生植物。适合草坪边缘栽植，也可植于林下作地被，或点缀于假山石景等处。

1
2
3

1. '银纹'沿阶草的叶
2. '银纹'沿阶草点缀石景
3. '银纹'沿阶草作镶边植物

花叶玉簪
Hosta spp.
百合科玉簪属

形态特征　多年生草本，株高20～50cm。叶基生，卵形至心形，长10～60cm，先端尾尖，基部心形，全缘。花叶玉簪品种众多，有金边、银边、金心、银心、斑叶等不同性状的品种。总状花序，着花9～15朵，花白色，漏斗状，有香味，花期7～9月。

分布习性　原种产中国长江流域，日本也有分布，园艺品种全世界广泛栽培。性强健，喜阴湿，忌阳光暴晒，耐寒。喜肥沃、湿润、排水良好土壤。

园林应用　为常叶斑色类彩叶植物。叶形优美，叶色艳丽，斑纹富有变化，是最重要的宿根花卉之一。园林中常作为花境材料与其他观花植物配置，也可单独种植于路旁、林缘和花坛中，还可以将不同类型的玉簪品种种植在一起，形成玉簪园。此外，还可以盆栽观赏，叶、花都是切花材料。

1	2	
3	4	
5	6	
7	8	
9	10	11

1、2、3、4、5、6、8、9、10. 花叶玉簪园艺品种

7. 花叶玉簪作林下地被

11. 花叶玉簪用于花境

参考文献 *References*

〔1〕臧德奎. 彩叶树种选择与造景[M]. 北京: 中国林业出版社, 2003.

〔2〕李作文, 刘家祯. 园林彩叶植物的选择与应用[M]. 辽宁: 辽宁科学技术出版社, 2008.

〔3〕陈俊愉, 程绪珂. 中国花经[M]. 上海: 上海文化出版社, 1990.

〔4〕高亚红, 吴棣飞. 花境植物选择指南[M]. 武汉: 华中科技大学出版社, 2010.

〔5〕朱红霞. 园林植物景观设计[M]. 北京: 中国林业出版社, 2013.

〔6〕吴玲. 地被植物与景观[M]. 北京: 中国林业出版社, 2009.

〔7〕钱又宇, 薛隽. 世界著名观赏树木100种[M]. 武汉: 武汉理工大学出版社, 2006.

〔8〕张天麟. 园林树木1600种[M]. 北京: 中国建筑工业出版社, 2010.

〔9〕[英]克里斯托弗·布里克尔主编. 杨秋生, 李振宇主译. 世界园林植物与花卉百科全书[M]. 郑州: 河南科学技术出版社, 2005.

〔10〕包志毅主译. 世界园林乔灌木[M]. 北京: 中国林业出版社, 2004.

〔11〕周厚高. 植物设计师应用手册[M]. 南京: 江苏人民出版社, 2012.

〔12〕于晓南, 张启翔. 彩叶植物多彩形成的研究进展[J]. 园艺学报, 2000, 27 (增刊): 553-538.

〔13〕高正清. 彩叶植物培育技术研究[J]. 西南农业学报, 2010 (4): 1250-1252.

〔14〕钱萍, 季春峰. 彩叶植物的一个分类新体系[J]. 现代园艺, 2010 (2): 4-5.

〔15〕杨学军, 唐东芹, 钱虹妹, 胡文辉. 上海城市绿化利用树种资源的现状与发展对策[J]. 植物资源与环境学报, 2000, 9 (4): 30-33.

〔16〕杨文悦, 田旗. 以引种科研为基础营建上海城市绿化"春景秋色"景观[J]. 上海建设科技, 2003年5期, 30-31.

〔17〕张佐双, 胡东燕, 黄亦工. 北京地区彩叶园林植物的引种与繁殖的研究[J]. 北京园林, 1997 (2): 5-10.

〔18〕靳思佳, 王铖, 张琪, 等. 几种介质对土壤的改良及彩叶树种的生理响应[J]. 浙江林业科技, 2008: 2期.

〔19〕商侃侃, 王铖, 靳思佳, 等. 土壤养分变化对红花檵叶绿素含量的影响[J]. 浙江林业科技, 2007: 5期.

〔20〕陈培昶, 陆亮, 王铖. 上海地区大规格北美槭树品种及其主要病虫害[J]. 中国森林病虫, 2009, 第28卷 (6): 24-32.

中文名称索引

A

'埃丽'蓝羊茅　　229

B

白蜡　　184
白杆　　54
'斑叶'鸡爪槭　　98
'斑叶'芒　　230
'斑叶'素方花　　124
北美枫香　　151
'变色龙'鱼腥草　　200
变叶木　　96
波斯铁木　　150

C

彩虹竹芋　　238
'彩叶'杞柳　　40
彩叶草　　194
茶条槭　　178
朝雾草　　219
赤胫散　　203

D

吊竹梅　　223
杜梨　　159

F

菲白竹　　136
菲黄竹　　137
枫香　　152

G

狗枣猕猴桃　　64
灌丛石蚕　　117
光叶榉　　156
'国王'枫　　104

H

'黑龙'沿阶草　　241
红背桂　　94
红枫　　98
红花檵木　　57

'红龙'草　　202
'红罗宾'石楠　　44
'红哨兵'挪威槭　　104
红苋草红草　　188
'红星'澳洲朱蕉　　140
'红叶'椿　　47
'红叶'加拿大紫荆　　76
虎耳草　　208
'花叶'八仙花　　66
'花叶'薄荷　　214
'花叶'鹅掌藤　　109
'花叶'海桐　　65
'花叶'夹竹桃　　112
'花叶'假连翘　　116
'花叶'锦带花　　134
'花叶'榔榆　　61
'花叶'芦苇　　235
'花叶'络石　　110
'花叶'蔓长春花　　113
'花叶'芒　　230
'花叶'女贞　　120
'花叶'挪威槭　　104
'花叶'欧亚活血丹　　215
'花叶'香桃木　　84

'花叶'艳山姜	240	'金边'复叶槭	102	'金叶'复叶槭	102	**L**
'花叶'燕麦草	228	'金边'枸骨	91	'金叶'红瑞木	86	
'花叶'叶子花	63	'金边'红瑞木	86	'金叶'槐	78	'蓝冰'柏	56
'花叶'栀子花	129	'金边'胡颓子	80	'金叶'鸡爪槭	98	冷水花	201
花叶芦竹	233	'金边'接骨木	50	'金叶'接骨木	50	连香树	145
花叶玉带草	232	'金边'阔叶山麦冬	242	'金叶'金钱蒲	221	'亮叶'朱蕉	139
花叶玉簪	246	'金边'连翘	126	'金叶'景天	205	落羽杉	144
'皇家红'挪威槭	104	'金边'毛里求斯麻	142	'金叶'连翘	126	
'黄斑'大吴风草	220	'金边'瑞香	82	'金叶'卵叶女贞	121	**M**
'黄金锦'络石	111	'金边'丝兰	141	'金叶'毛核木	133	
黄连木	168	'金边'菀	114	'金叶'牛至	212	美国白蜡	186
黄栌	180	'金脉'美人蕉	236	'金叶'榕	39	美国海棠	71
'黄脉'忍冬	132	'金脉爵床	128	'金叶'素方花	124	美国红栌	106
火炬树	182	'金森'女贞	52	'金叶'苔草	224	'美人'梅	67
'火烈鸟'复叶槭	102	'金山'绣线菊	72	'金叶'小檗	58	'密实'卫矛	162
'火焰'南天竹	148	'金线'柏	55	'金叶'菀	114	绵毛水苏	213
		'金心'大叶黄杨	88	'金叶'榆	60	
J		'金心'胡颓子	80	'金叶'皂荚	75	**N**
		'金心'丝兰	141	'金叶'梓树	48	
鸡爪槭	174	'金焰'绣线菊	72	'金叶垂枝'榆	60	纳塔栎	157
'金边'阿尔塔拉冬青	92	'金叶'刺槐	79	金叶女贞	118	南天竹	148
'金边'埃比胡颓子	81	'金叶'大花六道木	130			
'金边'大叶黄杨	88	'金叶'番薯	196	**K**		**P**
'金边'鹅掌楸	38	'金叶'风箱果	42			
'金边'扶芳藤	90	'金叶'佛甲草	204	孔雀竹芋	238	爬山虎	165

匍匐筋骨草　216

Q

千层金　83
'秋焰'槭　172
'秋之火'　170

R

肉花卫矛　161

S

'洒金'桃叶珊瑚　85
三角枫　177
'三色'刺桂　123
'三色'千年木　138
'三色'竹芋　238
'山茶叶'冬青　92
山麻杆　46
'十月红'　170
柿树　158
丝绵木　160
四季秋海棠　192

T

'太平洋落日'杂种槭　169

W

卫矛　162
乌桕　164
无患子　167
五叶地锦　166

X

'夕阳'杂种槭　169
'夕阳红'红花槭　170
'小丑'火棘　74
秀丽槭　176
血草　226
血皮槭　179

Y

'胭脂红'景天　206
雁来红　190
野漆树　183

'银边'常春藤　108
'银边'刺桂　123
'银边'大叶黄杨　88
'银边'复叶槭　102
'银边'接骨木　50
'银姬'小蜡　119
'银霜'女贞　122
'银纹'沿阶草　245
银香菊　218
银杏　146
'银叶'蒲苇　234
银叶菊　197
羽衣甘蓝　191
元宝枫　173

Z

杂种金缕梅　154
'紫叶'车前草　217
'紫叶'稠李　70
'紫叶'酢浆草　210
'紫叶'风箱果　42
'紫叶'黄栌　106
'紫叶'接骨木　131
'紫叶'锦带花　134

'紫叶'李　69
'紫叶'美人蕉　236
'紫叶'山桃草　209
'紫叶'水青冈　62
'紫叶'桃　41
'紫叶'小檗　58
'紫叶'小花矾根　207
'紫叶'鸭儿芹　211
'紫叶'羽毛枫　98
'紫叶'梓树　48
紫叶矮樱　68
紫叶狼尾草　227
紫叶鸭跖草　222
紫御谷　198
棕红苔草　225

拉丁学名索引

A

Abelia grandiflora 'Francis Mason' 130

Acer 'Autumn Blaze' 172

Acer 'Norweigan Sunset' 169

Acer 'Pacific Sunset' 169

Acer buergerianum 177

Acer elegantulum 176

Acer ginnala 178

Acer griseum 179

Acer negundo 'Auea' 102

Acer negundo 'Aureo' 102

Acer negundo 'Flamingo' 102

Acer negundo 'Variegatum' 102

Acer palmatum 'Aureum' 98

Acer palmatum 'Dissectum Atropurpureum' 98

Acer palmatum 'Versicolor' 98

Acer palmatum 'Atropurpureum' 98

Acer palmatum 174

Acer platanoides 'Crimson King' 104

Acer platanoides 'Crimson Sentry' 104

Acer platanoides 'Drummondii' 104

Acer platanoides 'Royal Red' 104

Acer rubrum 'Autumn Flame' 170

Acer rubrum 'October Glory' 170

Acer rubrum 'Red Sunset' 170

Acer truncatum 173

Acrous gramineus 'Ogon' 221

Actinidia kolomikta 64

Ailanthus altissima 'Hongye' 47

Ajuga reptans 216

Alchornea davidii 46

Alpinia zerumbet 'Variegata' 240

Alternanthera Paronychioides 'Picta' 188

Alternathera dentate 'Ruliginosa' 202

Amaranthus tricolor 190

Arrhenatherum elatius 'Variegatum' 228

Arrhenatherum elatius 'Zebrinus' 230

Artemisia schmidtianai 219

Arundo donax var. *versicolor* 233

Aucuba japonica 'varigata' 85

B

Begonia semperflorens 192

Berberis thunbergii 'Atropurpurea' 58

Berberis thunbergii 'Aurea' 58

Bougainvillea glabra 'Variegata' 63

Brassica oleracea var. *acephala* 191

C

Calathea makoyana 238

Calathea oppenheimiana 'Tricolor' 238

Calathea roseopicta 238

Canna generalis 'America' 236

Canna generalis 'Striata' 236

Carex buchananii 225

Carex oshimensis 'Evergold' 224

Caryopteris 'Worcester Gold' 114

Caryopteris 'Summer Sorbet' 114

Catalpa bignonioides 'Purpurea' 48

Catalpa bignonioides 'Aurea' 48

Cercidiphyllum japonicum 145

Cercis Canadensis 'Forest Pansy' 76

Chamaecyparis pisifera 'Filifera Aurea' 55

Codiaeum variegatum var. *pictum* 96

Coleus spp. 194

Cordyline australis 'Red star' 140

Cordyline fruticosa 'Aichiaka' 139

Cornus alba 'Aurea' 86

Cornus alba 'Spaethii' 86

Cortaderia selloana 'Silver Coment' 234

Cotinus coggygria 'Purpureus' 106

Cotinus coggygria 'Royal Purple' 106

Cotinus coggyria var. *cinerea* 180

Cryptotaenia japonica 'Atropurpurea' 211

Cupressus glabra 'Blue Ice' 56

D

Daphne odora 'Aureo-marginata' 82

Diospyros kaki 158

Dracaena marginata 'Tricolor' 138

Duranta erecta 'Variegata' 116

E

Elaeagnus pungens 'Aureo-marginata' 80

Elaeagnus pungens 'Fredricii' 80

Elaeagnus 'Gilt Edge' 81

Euonymus japonicus 'Albo-marginatus' 88

Euonymus japonicus 'Aureo-marginatus' 88

Euonymus japonicus 'Aureo-pictus' 88
Euonymus alatus 'Compacta' 162
Euonymus alatus 162
Euonymus carnosus 161
Euonymus fortunei 'Aureomarginata' 90
Euonymus maackii 160
Excoecaria cochinchinensis 94

F

Fagus sylvatica 'Purpurea' 62
Farfugium japonica 'Aureomaculatum' 220
Festuca glauca 'Elijah Blue' 229
Ficus microcarpa 'Aurea' 39
Forsythia koreana 'Sun Gold' 126
Forsythia suspensa 'Aurea' 126
Fraxinus americana 186
Fraxinus chinensis 184
Furcraea selloa 'Marginata' 142

G

Gardenia jasminoides 'Variegata' 129
Gaura lindheimeri 'Crimson Bunerny' 209
Ginkgo biloba 146
Glechoma hederacea 'Variegata' 215
Gleditsia triacanthos 'Sunburst' 75

H

Hamamelis × intermedia 154

Hedera helix 'Variegata' 108
Heuchera micrantha 'Palace purple' 207
Hosta spp. 246
Houttuynia cordata 'Chameleon' 200
Hydrangea macrophylla 'Maculata' 66

I

Ilex altaclerensis 'Camelliifolia Variegata' 92
Ilex altaclerensis 'Golden King' 92
Ilex cornuta 'O' Spring' 91
Imperata cylindrica 'Rubra' 226
Ipomoea batatus 'Golden Summer' 196

J

Jasminurn officinale 'Aureovariegatum' 124
Jasminurn officinale 'Aureum' 124

L

Ligustrum japonicum 'Howardii' 52
Ligustrum japonicum 'Jack Frost' 122
Ligustrum lucidum 'Excelsum Superbum' 120
Ligustrum ovalifolium 'Lemon and Line' 121
Ligustrum × vicaryi 118
Liquidambar formosana 152
Liquidambar styraciflua 151
Liqustrurn sinense 'Variegatum' 119
Liriodendron tulipifera 'Aureo-marginatum' 38
Liriope muscari 'Variegata' 242

Lonicera japonica 'Aurea-reticulata' 132
Loropetalum chinensis var. *rubrum* 57

M

Malus spp. 71
Mantha rotundifolia 'Variegata' 214
Melaleuca bracteata 'Revolution Gold' 83
Miscanthus sinensis 'Variegatus' 230
Myrtus communis 'Variegata' 84

N

Nandina domestica 'Firepower' 148
Nandina domestica 148
Nerium indicum 'Variegata' 112

O

Ophionpogon planiscapus 'Nigrescens' 241
Ophiopogon intermedius 'Argenteo-marginatus' 245
Origanum vulgare 'Aureum' 212
Osmanthus heterophyllus 'Goshiki' 123
Osmanthus heterophyllus 'Tricolor' 123
Oxalis violacea 'Purpule Leaves' 210

P

Parrotia persica 150
Parthenocissus quinquefolia 166

Parthenocissus tricuspidata   165

Pennisetum glaucum 'Purple Majesty'   198

Pennisetum setaceum 'Rubrum'   227

Phalaris arundinacea var. *picta*   232

Photinia 'Red Robin'   44

Phragmites communis 'Variegatus'   235

Physocarpus opulifolius 'Darts Gold'   42

Physocarpus opulifoliums 'Diabolo'   42

Picea meyeri   54

Pilea cadierei   201

pistacia chinensis   168

Pittosporum tobira 'Variegata'   65

Plantago major 'Purpurea'   217

Polygonum runcinatum var. *sinensis*   203

Prunus 'Meirenmei'   67

Prunus cerasifera 'Atropurpurea'   69

Prunus persica 'Atropurpurea'   41

Prunus virginiana 'Canada Red'   70

Prunus × *cistena*   68

Pyracantha fortuneana 'Harieguin'   74

Pyrus betulifolia   159

Q

Quercus nuttallii   157

R

Rhus typhina   182

Robinia pseudoacacia 'Frisia'   79

S

Salix integra 'Hakuro Nishki'   40

Sambucus canadensis 'Agengteo-marginata'   50

Sambucus canadensis 'Aurea'   50

Sambucus canadensis 'Aureo-marginata'   50

Sambucus nigra 'Black Lace'   131

Sanchezia speciosa   128

Santolina chamaecyparissus   218

Sapindus mukorossi   167

Sapium sebiferum   164

Sasa auricona   137

Sasa fortunei   136

Saxifraga stolonifera   208

Schefflera arboricola 'Variegata'   109

Sedum lineara 'Aurea'   204

Sedum makinoi 'Aurea'   205

Sedum spurium 'Coccineum'   206

Senecio cineraria   197

Setcreasea purpurea   222

Sophora japonica 'Chrysophylla'   78

Spiraea bumalada 'Gold Mound'   72

Spiraea bumalda 'Gold Flame'   72

Stachys lanata   213

Symphoricarpos 'Brainde Soleil'   133

T

Taxodium distichum   144

Teucrium fruticans   117

Toxicodendron succedaneum   183

Trachelospermum asiaticum 'Ougonnishiki'   111

Trachelospermum jasminoides
   'Variegatum'   110

U

Ulmus parvifolia 'Variegata'   61

Ulmus pumila 'Jinye Chuizhi'   60

Ulmus pumila 'Jinye'   60

V

Vinca major 'Variegata'   113

W

Weigela florida 'Purpurea'   134

Weigela florida 'Variegeta'   134

Y

Yuca filamentosa 'Bright Edge'   141

Yuca filamentosa 'Color Guard'   141

Z

Zebrina pendula   223

Zelkova serrata   156